闪光灯布光专业技法

人像、静物、美食、商品摄影用光全解

[日]河野铁平 著
侯皓瑀 译

人民邮电出版社
北京

内容提要

闪光灯是摄影师获得专业光照效果的重要工具之一。本书以闪光灯在人像和静物摄影中的应用为主线，详细介绍了闪光灯的基础知识及照明控光器材的使用，将眼神光、边缘光、发丝光、无线引闪、压光、跳闪、色温、光线角度等众多知识点穿插其中，并讲解了闪光灯搭配反光板、柔光罩、反射伞、无影罩等附件的拍摄知识，以专题的形式对在外景、影棚内场景下拍摄人像时的闪光灯应用进行了细致、独到的讲解。

本书适合有意提升闪光灯使用水平的摄影爱好者参考阅读，也适合有经验的摄影师作为参考资料随时查阅。

目 录

→ 第 1 章

1

关于布光的思考

通过布光到底能让照片发生怎样的变化？在拍摄照片时，布光究竟能发挥什么作用？关于如何照射光线，有诸多方法。本章就来对布光进行深入的思考。

→ 第1章

01

认识布光

摄影布光十分深奥，首先要认识的是布光的意义和布光方法。

最伟大的太阳光

关于布光，首先要了解太阳的伟大和自然光的美丽。人造光源的光线都是在尽量模仿太阳光的质感，典型的例子就是色温和演色性。色温是将光的颜色数字化后客观显示，优秀照明器材所发出的光线的色温一般可以设定为晴天日光的色温（5500K左右）。演色性中所谓的“出色的演色性”，原本的参考基准就是太阳光，就是将“能重现出等同于太阳光的自然色彩搭配”进行了数字化。照明器材通常把太阳光作为首要参考，并以其为“范本”开发产品功能。

这一点在附件中也是相同的。有的附件能表现出多云天气下的柔和光线，有的附件能营造出盛夏耀眼阳光般的强烈光线。通过使用此类附件，照明器材可以表现出太阳光丰富多样、范围广阔的特点。

所谓“布光”，指的就是创造光线的工作，从这个意义上来说，太阳就是伟大的单灯光源。在提高闪光灯布光方面，不可或缺的关键就在于如何灵活控制这个单灯光源。

（前页）这张照片拍摄的是斯德哥尔摩的夕阳景色。由于太阳运行轨道低和天气的影响，北欧的光线即便是强光，也能让人感到略温柔细腻。在摄影中，既受流行趋势影响，又因所处地理位置不同，照片中光线的处理方法有所差异，绝对不能忽视这方面的影响

（右图）这张照片是在室外运用闪光灯补光手法拍摄的。用一个闪光灯（搭配柔光反光罩）对准自然光下的逆光方向从左前方照射，用另一个闪光灯（搭配长焦反光罩）对准左边的墙面照射。这是双灯组成的布光，要点在于既要留意“此处存在的光线”，又要加上“自己创造的光线”。如能将两者灵活融合，就能尽情享受创作照片的乐趣

统筹：植岛Derek
模特：藤田侑纪
和服发型：美容室nori
服饰：服饰出租店hirokane

此处存在的光线、自己创造的光线

若想最大限度活用所处环境的太阳光特点来进行拍摄，唯一的方法是要多留意光质的特征，也就是要“观察光线”。当然，这不是指直视太阳光（眼睛会难受），而是指要感受周围环绕的光线，好好思考如何在当下的摄影中有效运用这些光线。光线本身是看不到的，但是光线塑造出的形象是可以用肉眼和大脑真切观察认识到的。高妙之处在于，将这个形象拍成照片定格下来，使其比肉眼所见更美（这正是拍摄照片的乐趣所在）。通过反复操作，我们可以掌握辨别光线的方法，首要的是切切实实地感受“此处存在的光线”。

如果太阳光是“此处存在的光线”，照明器材的光线就是“自己创造的光线”。如果想让“自己创造的光线”蕴含某种意义，可以通过增减光线来营造效果。但这会带来很多疑问和困惑。如果实在不清楚如何布光，就多想想太阳光的美丽吧，然后通过自己创造出光线来模仿太阳光之美。随着思路的拓宽，布光时的困惑也会逐渐消除。通常这个过程就是自己头脑中的“光线的设想”。

这张照片拍摄于傍晚时分。用一个闪光灯（搭配柔光伞）从左前方对准模特照射，用另一个闪光灯从右上后方照射，营造出仿佛舞台照明的感觉。不使用闪光灯引闪的话，模特就会处于比较昏暗的环境中。能描绘出图所示照片中这般的氛围，也正是闪光灯特有的效果

模特：小野茜（MA–Spanky）

点光源从绚丽玫瑰的正上方（长嘴灯罩）和左右低位（蜂巢罩罩）直射。这组灯光由三个闪光灯组成，用硬光质感描绘出玫瑰的力量感。左侧的闪光灯上覆盖鲜绿色的滤色片，右侧的闪光灯上覆盖蓝色的滤色片，营造出独特的色彩

相机镜头和观察光线的眼睛之间的平衡

布光在摄影中是非常重要的要素，但并非摄影的全部。布光只是为了充分表现摄影意图的一个要素。本书是一本介绍布光的书，因此重点对布光之事进行论述，但如果忽略了摄影的初衷，就本末倒置了。这么说听起来有点矛盾，比如，在屋外拍摄肖像的时候，是否必须使用反光板？在控制光线时，反光板确实能发挥重大作用，但并非是必需的。有时不加入反光板，反而更能深刻描绘出阴影的韵味。也就是说，千万不要拘泥于是否使用反光板。说到底，反光板就是支持照片表现能力（拓宽表现范围）的工具，同样的道理也适用于组合调配布光。如果过度执着于布光，就会错失更重要的事物。平衡好所有要素，这一点非常重要。首先要想象出用相机拍摄好照片的样子，之后再来布光。在自然光下，要考虑好是否真有必要增加新的光线，在摄影室等场景下，如果必须布光，要明确每一个闪光灯的作用和意图，进行组合调配。

布光中蕴含着可以极大拓宽照片表现范围的诸多要素，其中包括一些新鲜的发现。观察光线的眼睛可以将通过相机看到的景物拉近。此时，布光的技法就可以帮助我们大大提升照片的表现力。

→ 第1章

02

通过布光确认阴影

布光的时候，首先要关注拍摄对象产生的阴影。通过阴影的内容可以把握布光的特质。

关注阴影的要点

为了易于理解阴影的效果，这里使用了白色的咖啡壶，呈现的效果是一样的。如果能根据不同的拍摄对象来灵活把握阴影的特征，布光的视野也能得到拓展。

用柔光箱从咖啡壶左斜上的方位置照射，这种光源原本就有柔和的特征，阴影也能营造出整体柔和的效果

关注范围、浓度、色调渐变

在确认布光的时候，很容易关注物体被照亮的部分。但是，明亮部分很难呈现出质感，并不适合用来确认布光的细节部分。因此最应该关注的不是明亮部分而是阴暗部分，也就是成为黑影的阴影部分。布光要符合拍摄对象的形态，或多或少都要加入阴影。这是给予拍摄对象立体感的重要因素。根据这部分阴影内容的不同，照片给人的印象也会发生变化，对画面中努力表现的部分，可以进行更细腻、更柔和地布光。对阴影的把控是提高布光质量的精髓。

观察阴影时要关注的部分主要有三处，具体来说就是阴影的范围（比例）、阴影的浓度和明暗交界线（边缘）的色调渐变。在组合布光、进行试拍时，要好好斟酌这三大要素。

随着阴影的范围增加，氛围会变得更具厚重感。阴影的特征还在于它可以隐藏形态，从而细致美丽地呈现出拍摄对象。阴影的浓度是关系到照片的张弛感和明暗对比的要素。随着浓度的增加，画面愈加清晰，产生有力的感觉，但是阴

一边关注阴影一边改变布光

一边关注阴影的出现方式一边调整布光，每张照片的最终效果给人的印象都完全不同。即使是这样相同的构图和拍摄对象，通过阴影的焦点不同，也可以表现出各式各样的画面世界。

增加阴影范围

将闪光灯朝拍摄对象的横向右侧错开，运用柔光箱下的闪光灯来布光。阴影范围扩大，最终效果是有力呈现出厚重感

明确呈现明暗的交界线

直接使用闪光灯引闪，运用硬光源进行拍摄。可以更明确地呈现出明暗的交界线，使画面具有张弛感，咖啡壶背后的影子轮廓也非常明晰

柔化阴影的浓度

加大柔光箱的尺寸，使光线更加流动环绕，调整阴影的浓度。咖啡壶在明亮的氛围中更具透明感

四周阴影的出现方式有很多

出现在四周的阴影（影子）很大程度上取决于所用的光源。换言之，使用什么光源来拍摄眼前的拍摄对象，某种程度上可以从背后阴影的内容来进行确认。

本影成为画面主体

直接使用闪光灯，阴影的轮廓非常明晰。随着光线变成硬光，咖啡壶的本影能清晰地浮现在画面中

同时出现本影和半影

使用较大的反光罩进行闪光，虽然是硬光，但是既能聚光，又能使光线在反光罩内得到扩散，从而形成了照片中这样独特的阴影

半影成为画面主体

使用柔光箱进行闪光。光线柔和，呈现的画面中留下了隐约的半影。虽然很微弱，但是在咖啡壶的左侧底部可以看到本影

影太浓的话，会变成全黑，导致画面失去质感。这虽然与阴影的范围有关（范围过窄的话，反倒成了点缀），只要没有特殊的意图，比较理想的做法是尽力控制好全黑的范围来进行摄影。在柔和光源下，可以顺畅地营造出明暗交界线的色调渐变。关于光源的硬度将在“软光和硬光的特征”中进行解说，这种色调渐变的呈现方式也会极大影响画面的描绘。虽然也根据拍摄对象和场景来调配，但是随着交界线顺畅过渡，可以使拍摄对象的最终效果呈现出柔和的印象。

也要关注后侧出现的影子

闪光灯引闪时，不仅拍摄对象上会出现阴影，在光线照射的背面后侧也会出现阴影。由于所用光源的不同，这个阴影也会发生极大变化，但总体来说这种阴影有两种类型，就是本影和半影。随着光质变硬，会出现本影，本影能很清晰地描绘出影子的轮廓（边缘）。相反，随着光质变柔，本影范围会减少，出现半影。在拍摄对象四周也出现阴影的情况下，一定要多加关注阴影周边的描绘表现。

→ 第1章

03 布光的方向和特征

光线对描绘画面影响最大的要素是“照射的角度”。本节从几个具有代表性的角度来认识光线对画面的不同影响。

布光的方向和画面的变化

这两张照片的闪光灯都放置在左上方 45° 位置，仅改变了布光的方向，下面来比较一下这两张照片。如果想使整体画面都变亮，稍微从正面的斜侧方布光会比较容易实现。另外，还有从正后方照射的逆光等。

① 从左侧斜上方45° 角处照射

这是一个可以作为基准的角度。照射面和背光面的脸颊形成一个缓和的倒三角形的高光区域，这是这种布光的特征。鼻梁处也形成了阴影，描绘出了立体感

② 靠近正面，从左侧斜上方照射

把整体雕塑都照亮，照射面和背光面的脸颊上留下了适度的阴影，这是这种布光的特征。加入的阴影不会过强，画面平衡感很好，是一种易于处理的布光方法

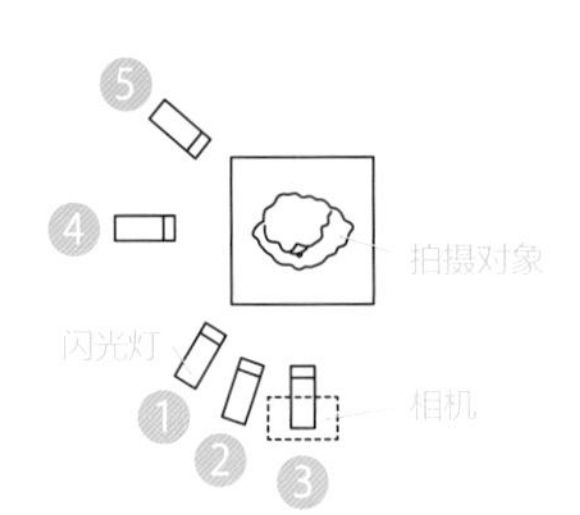

使用直接闪光灯照射拍摄对象，并设置好了照射的距离。描绘的画面差异在于鼻梁、右脸颊和下颚，可以从这些地方的变化来确认布光的效果

一边观察阴影的出现方式一边确定布光角度

布光是由照射拍摄对象的闪光灯的方向、高度、距离相互组合来决定的。其中对画面影响最大的是照射的方向。这是因为根据照射方向不同，拍摄对象凹凸处产生的阴影会发生巨大的变化。这里是以石膏像（人物）作为拍摄题材，人脸拥有非常复杂的凹凸面。稍微调整一下照射角度，阴影的出现方式就会发生明显的变化。可以说是最适合用来比较布光效果的拍摄对象。

照射拍摄对象的方向中，最正统的是斜侧45° 角。加上适度的阴影，能描绘出拍摄对象的立体感。同时，光线的俯角也设定在45° 。“斜侧45° 、俯角45° ”，将两者组合配置，可以成为布光时的一个参考基准。先使用这个组合方式来试着确认画面的表现力。但是，这种布光方式很容易让阴影的部分变多。如果想把肖像照的整个脸部都切切实实拍出合适的亮度，推荐从正面的稍稍斜侧方进行照射。用照射方向表示的话，大概是从正面向左右偏离30° 。这样既可以把整体脸部都拍亮，又可以给闪光灯照（接15页的下半页）

③ 从正上方（正上方布光）照射

没有阴影，把石膏像全体都照亮。根据布光高度不同，下颚下部出现的阴影范围会发生变化。在拍摄肖像照时，可以将表情提亮，这也是这种布光方式的特征

④ 从左侧照射

也叫作侧光。强调阴影，呈现出立体感，光线照不到的那一侧隐藏在影子中。有意加入高光，使其成为画面重点

⑤ 从左后方45° 角处照射

图中所示是半逆光的布光，配合拍摄对象的轮廓细致地加入高光。有时也从稍微高一点的位置照射，将其作为主灯光使用

拍摄对象的朝向和画面表现的变化

根据拍摄对象的角度不同，其外观也会发生变化，必须要一边留意这个特征，一边确定布光。下面一组图例都是用闪光灯从左斜方 45° 处照射，通过左右转动石膏像，呈现出完全不同的画面效果。

正面朝向闪光灯

照射方式与正上方布光相同，脸部没有阴影

比闪光灯方向稍微往右偏

右脸颊的阴影很醒目，稍稍呈现出了立体感

左脸颊朝向闪光灯

阴影较强，很有立体感。右脸颊上呈现出倒三角形的高光区域

左侧面朝向闪光灯

阴影更强，画面富有厚重感

射不到的背光面脸颊切切实实地加入细腻的阴影。这样也能很好地呈现出立体感。

同时，如果不营造出阴影而是将拍摄对象拍亮的话，可以试着从正面上方进行照射，这种布光叫作“正上方布光”。太阳光是顺光，如果与能营造柔和光质的附件相互组合，可以将拍摄对象拍得明亮，具有十分流畅的质感。从拍摄对象后方照射的半逆光和逆光在食物和小物件等摄影中，常常作为主灯光被频繁使用，在肖像照中有时也作为强光灯使用。从正侧方照射的光也是一样的道理，为了呈现出明显的阴影，这种布光方式最适合作为强光灯使用。

拍摄对象的朝向和布光

请记住，根据拍摄对象本身的朝向不同，光线照射的方向也会发生巨大变化。比如，照射的方向都是45° ，如果拍摄对象朝向闪光灯，则呈现的效果与拍摄对象在正上方布光时的效果是一样的。照射的方向很大程度上依赖于拍摄对象的朝向。关于闪光灯的位置，要认真确认拍摄对象的朝向，使其固定后在进行拍摄。这一点在拍摄肖像照和景物照时都是一致的。

04 布光的高度、距离等特征

最终要根据高度、距离等特征来组合配置布光。本节重点介绍光源与背景、与拍摄对象之间的距离。

照射的高度和画面表现的变化

照射的高度除了影响给拍摄对象加入阴影，还会影响拍摄对象背后阴影的范围。很多时候，从上方照射的闪光灯作为正上方布光，成为画面表现的重点。

闪光灯置于正面稍稍偏左斜侧方的位置，仅仅改变高度进行摄影。对距离也是进行相同的调整。用闪光灯进行直接照射。可以看到眼睛、鼻子周围、下颚下部、背后的影子等部位的阴影发生巨大变化

① 从拍摄对象相同高度照射（水平照射）

给拍摄对象加上了均匀的高光。照射面整体都显得有点平坦。如果想将人物表情拍亮，这是非常便利的布光方式

② 从头部上方照射（俯角80°）

拍摄对象的影子全部落到了下方。眼睛下部和下颚下部出现了明显的阴影，背后的影子也处于下方，不太明显。使用这种布光方式有时可以补充顶部光量

③ 从头部下方照射（仰角45°）

这种布光俗称为“妖怪光线”。朝上布光，影子拉长，最终效果很不自然，背后拍出的影子也很大。很多时候，这种布光在多灯拍摄时作为辅助光使用

闪光灯位置越高，越会在下方投下阴影

与照射方向一样，闪光灯的俯角也要以45°对准拍摄对象，这成了一个参考基准。在肖像照拍摄中，可以在下颚下部加入适度的阴影。首先试着以这个俯角布光来确认一下拍摄效果。

闪光灯照射的高度越高，配合拍摄对象的凹凸程度，影子越会向下延伸；反之照射位置越低，影子越会向上延伸，这是这种布光方式的特征。高位的照射虽然能将头上（头发）提亮，但是拍摄对象的正面很难有光线环绕。比如，在肖像照中，有时在眼睛下部会出现讨厌的阴影。低位的照射会产生不自然的阴影，因此不太常用。在多灯组合拍摄时，低位闪光灯有时作为辅助光使用。同时，如果想将拍摄对象正面均匀地拍亮，也有一种布光方法是从拍摄对象的相同高度照射，这样可以将拍摄对象从上到下较大范围都拍出均匀的亮度。

同时，调整高度也会影响背后的阴影。具体来说，闪光灯位置越高，背后的阴影越会向下延伸；反之，闪光灯位置越低，阴影越向上延伸，在背后会出现较大的影子。在改变闪光灯高度进行拍摄时，要格外留意这一点。

拍摄对象与闪光灯之间的距离和画面表现的变化

闪光灯的照射位置越近，拍摄对象和背景之间的曝光差异越大。同时，越靠近，光线越会变成硬光质，降低来自周边的反射率。这是在室内拍摄时要考虑的。

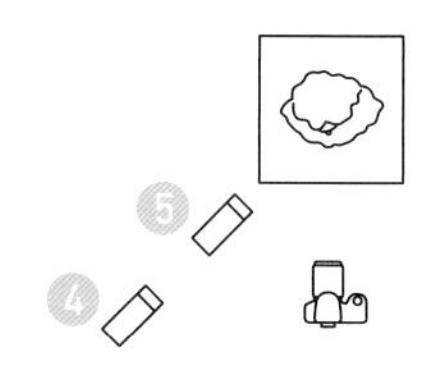

从正面稍稍偏左斜方照射，仅改变与拍摄对象之间的距离来进行拍摄。从距离拍摄对象80cm和30cm处拍摄进行试验。从图中可以明显看到背景曝光度的不同呈现方式

④ 离远一点使用闪光灯进行拍摄（80cm）

从稍远位置使用闪光灯，可以缩小拍摄对象与背景之间的曝光度差异，背景会变亮。画面质感柔和，光线流动环绕，拍摄对象上产生的阴影浓度也比较薄弱

⑤ 靠近使用闪光灯进行拍摄（30cm）

背景变暗，画面质感也偏硬。拍摄对象上产生的阴影有点浓重。人们通常认为将闪光灯靠近，背景也会变亮，但是这种布光方式的效果是相反的，背景反而会变暗

拍摄对象与背景之间的距离和画面表现的变化

摄影时，拍摄对象与背景之间的距离也是重大要素。根据这个距离的不同，背景的色调和背后影子的投影方式也会发生变化。从这个含义上来说，摄影的纵深感也非常重要。在画面中越是能创造出纵深感，调整幅度越广阔。

从正面稍微偏左斜方照射。此时不改变闪光灯照射的距离，仅仅改变拍摄对象与背景之间的距离。可以看到，不仅曝光度不同，背后影子的出现方式也差异较大

⑥ 将拍摄对象靠近背景进行拍摄

画面整体都是明亮的氛围，但是背景中很容易出现影子。如果提高闪光灯的照射位置，使用柔和光源，影子不会太明显

⑦ 拍摄对象稍微离开背景进行拍摄

背景与拍摄对象之间产生了曝光度差异，因此背景会变暗。背后的影子处于下方。与将闪光灯靠近拍摄时效果不同，明暗对比度等不会发生变化，这也是要点所在

在布光上要多加关注的两种距离

在布光中承担着重要角色的“距离”主要有两种：一种是“拍摄对象与闪光灯之间的距离”，另一种是“拍摄对象与背景之间的距离”。首先关于“拍摄对象与闪光灯之间的距离”，闪光灯越靠近拍摄对象照射，拍摄对象与背景之间的曝光度差异越明显。也就是说，只要靠近照射，背景就会相对变暗。此时与拍摄对象的明暗对比度也会增强。反之，如果想将整体背景尽可能拍亮的话，就要将照射拍摄对象的闪光灯稍微离远一点。但是，最终呈现的明暗对比度会变弱。

另一方面，关于“拍摄对象与背景之间的距离”，背景越靠近拍摄对象，光线更容易环绕流动，因此画面会变亮，这种情况下拍摄对象背后越容易出现阴影。反之，如果想让背景变暗，不易出现阴影的话，就让拍摄对象稍微离背景远一点。

这样的距离调整主要用在想要控制背景曝光度的时候。令人意外的是，人们很容易遗漏关于距离的事情。除了留意闪光灯的角度和高度，一定也要试着改变距离来进行拍摄。

→ 第1章

05

运用辅助光、旋转和遮挡光线

对着拍摄对象重点照射的光源，称为主灯光。辅助光是指辅助主灯光的光源，可以通过旋转光线或遮挡光线发挥其辅助作用。

主灯光和辅助光的关系

如图所示，主灯光从右斜上方照射，背面暗处的光量由辅助光弥补。一个闪光灯作为辅助光，不仅能提高亮度，还能营造出帽子的立体变化感。通过这样的布光，明确每一个闪光灯的作用，就可以呈现出多种多样的画面效果。

仅用主灯光照射

主灯光从右斜上方照射，通过柔光箱使光线偏于柔和。照不到光线的帽子左侧偏暗，画面表现具有高级感

主灯光+辅助光

不改变主灯光的位置，在帽子左侧使用柔光伞，增加整体画面左侧的光线，弥补暗部的质感，使画面表现取得良好平衡感

主灯光+蜂巢罩光源

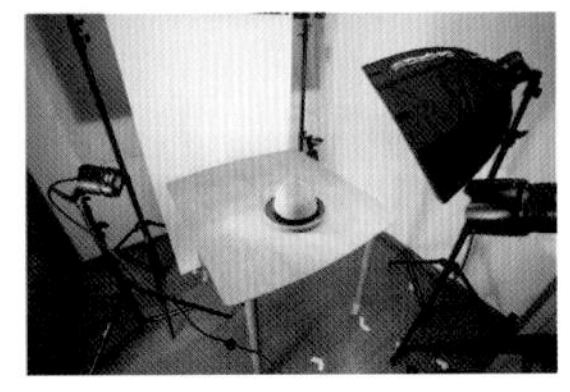

这次以点光源的蜂巢罩光源代替柔光伞进行照射。在帽子左侧加入高光，呈现出独特的立体感

使用辅助光来支持主灯光

布光时，有时会用一个闪光灯，有时也会组合使用数个闪光灯。在后者的情况下，首先要确定主要的光源。以此为轴心，使用其他闪光灯来补足所需光线。这种在照射拍摄对象中最重要的光源，被称为“主灯光”。补充主灯光的光源被称为“辅助光”，或者称为“补助光”。

当主灯光照射不足而产生暗部需要补光时，一般会使用辅助光。上面的图例就是一个典型例子。当使用一个闪光灯无法补足帽子左侧的光线时，可以使用别的闪光灯来弥补。在布光时，不管灯的数量多少，一定可以大致区分为主灯光和辅助光两种。有的主灯光是由一个闪光灯组成，有的主灯光是由多个闪光灯组合形成的一个面光源。

辅助光中有一种光被称为边缘光，指的是为了给人物等拍摄对象的轮廓加入高光而使用的光源。可以一边改变辅助光的光量，一边按照自己喜好的平衡感来调整。此时的基本做法也是确定好主灯光之后再来调整辅助光。

旋转光线的技巧

旋转光线的操作无法如辅助光一般可以准确地控制光量，但关键在于可以轻松使用，容易营造出自然的色调。如果光线安排得好，可以获得下面图例中的显著效果。在组合数个灯光中时，需要同时灵活使用这一技巧。

主灯光是柔光箱内的一个闪光灯。普通的白纸也可以当作反光板

未使用反光板

使用反光板

在前下方和左、右侧放置白色反光板，从正上方照射的光源环绕着整个拍摄对象。真实地描绘出了整个锅的质感，使其仿佛浮现在黑色背景纸上。根据受光角度不同，反光板的效果会发生巨大变化

遮挡光线的技巧

如果想限制背景中流动的光线，很多时候会进行遮挡光线的操作。相比让光线流动起来，遮挡光线更困难。通过细微地调整放置闪光灯，光线的呈现方式会发生巨大变化。可以通过多次测试布光，找到理想的亮度平衡。

柔光伞前的反光板发挥了遮挡光线的作用，称为“消除光晕”。从这一侧看起来是白色的，其实反射面是黑色的。遮挡光线时，一般使用黑色材质，以便最大限度地降低反射

未遮挡光线进行拍摄

遮挡光线进行拍摄

朝向右斜上方的主灯光，在右侧放置厚纸，使花朵背后流动的光线变得均匀，据此可以消除背景色的不均匀。此处还在左前方放置了反光板，以弥补左侧花的光量。拍摄中同时使用了遮挡光线和旋转光线的操作

控制好如何旋转和遮挡光线

为了弥补光量不足，除了加入辅助光，也可以使用反光板来提亮暗部。其特征是可以轻松简单地补充特定部位的光线，在闪光灯下光量过强时也能起到有效作用。反光板承担反射光线的作用，也可以用白纸等代替。关键在于确认闪光灯的照射方向，然后恰当地进行反射，如果只是将其放置在昏暗的地方，就失去了意义。这种使用反光板补充光量的做法，也称为“旋转光线”“翻转光线”等。即便是只朝一个方向照射的光源，通过旋转光线，也可以实现具有纵深感的布光效果。

此外，使用黑纸和厚纸等遮挡光线，则可以减弱部分光线。通过遮挡住不需要的光源，从而努力呈现出理想的画面，这种限制光源的做法被称为“遮挡光线”。如果不能准确把握光线的照射方法，就无法灵活顺畅地进行这种操作。从这个意义上来说，这也是布光练习的好题材。一定要同时多加关注旋转光线和遮挡光线的方法。

→ 第1章

06

软光和硬光的特征

前文谈及布光中使用的光源有软光和硬光，本节归纳一下它们的特征。

比较一下光质的变化

光质大致可分为软光和硬光。下面的图例中闪光灯都是从右斜上方的相同位置照射，但是高光和影子的出现方式大为不同。

使用柔光箱营造的软光

背后影子的轮廓虚化，比较微弱。很好地呈现出高光的质感，比较流畅。明暗对比较小，氛围宁静沉稳。最大限度地发挥了柔光箱创造出的面光源的特征

使用滤色片营造的硬光

背后影子的轮廓很清晰，本影也很清楚。明暗对比大，富有张弛感，是一种有力的画面表现。点光源的显著特征是可以呈现直接的质感，仿佛被太阳光照射一样

通过明暗对比和阴影的出现方式来判断光质

闪光灯的光质既有适度的中间调光源，也可以分为极致的软光和硬光两大类。在软光中，可分为反射的跳闪光、穿过半透明素材的漫反射光等，这些统称为“扩散光”。也就是说，软光指的就是扩散光，这种光呈现的效果特征是从高光到阴影的色调渐变十分顺滑，明暗对比低。相反，硬光就是直接照射的直射光，明暗对比大，阴影明显。

另一方面，也可以把光线分为“面光源”和“点光源”两大类。面光源是从整个平面照射的光线，也就是软光。点光源是直线型的强光从一点照射，这是硬光。

如果不知该如何配置布光附件的话，可以限定在这两种光质。比如，高通用性的柔光伞和柔光箱等附件可以创造出面光源，形成软光质；有折角的硬光反光罩等附件可以营造出硬光质的点光源。

光线扩散方式的印象

下面的照片使用被称为造型灯的闪光灯照射出恒定光线，接下来确认一下各附件下光线的扩散方式。根据安装附件的不同，不仅光线的扩散方式不同，色调渐变的呈现方式和暗部的变暗方式等也发生了巨大的变化。使用附件的时候，一定要确认这些光线扩散方式的特征。

直接照射（标准反光罩）

这种类型的闪光灯本身内置标准反光罩。光线的扩散方式比较广阔，落在周围的光量边比较流畅柔和。强光点的范围较广

聚光型反光罩

在这个距离上，光的扩散范围要比直射时狭窄，但此时的强光点较稳定而广阔。越向外，投下的光量越强

柔光箱

光的扩散范围并不大，可以理解为是聚光型光质。外圈落下的光量的色调渐变很流畅

柔光伞和柔光箱的不同照射范围

光线的扩散方式可以从附件形状上作出一定判断。比如，即便同样是扩散光，在漫反射和平衡感上，扩散方式各不相同。

柔光箱的形状

图中使用的柔光箱是八角形的，此外还有长方形的。光质并不因柔光箱外形而发生变化（光质会因柔光箱尺寸发生变化）。柔光箱透过柔光板发出光线，因此是直射型的，虽然是柔和光源，但照射范围并不太大

照射角度较广的柔光伞

照射角度较窄的柔光伞

柔光伞的照射范围虽然较广，但是会随着柔光伞的形状发生变化。右图中的柔光伞比较深，前段收窄，其照射范围虽然小了一点，但是光线不会分散，比较容易控制。可以边参考光线的扩散方式，边选择类似的附件

通过羽化改变画面表现力

越是聚光型光源，羽化效果越明显。照射位置稍有不同，光质就会发生变化。并且，不仅针对主灯光，这对辅助光也很有效果。

羽化后的图例中，只是把反光罩的位置稍微向上抬起了一点。这样使强光点移动到后面的背景上，背景变亮。同时，靠近相机的蔬菜的明暗对比也略微下降。在这里使用了比较容易看出变化的反光罩来进行测试，其实使用柔光箱和柔光伞等也可以得到此类效果

使用柔光箱进行拍摄

进行羽化拍摄

扩散光和聚光，错开中心点的拍摄方法

请记住光线的一个特征：“光线是否易于扩散”会随附件而产生变化。比如，使光线跳闪照射的柔光伞能够让光线易于扩散。另一方面，柔光箱可以使光线漫反射，创造出扩散光，使光源成为有限度的面光源进行照射。柔光伞的聚光性越高，光线越不会发生扩散。即便同样是点光源的反光罩中，有可以发出强聚光性光线的聚光灯，也有可以照射出均匀广泛范围的软光质的闪光灯。选择附件的时候，要多关注光线的扩散情况，从而可以在布光中更充分地利用附件本身的功能。

同时，不管是什么样的附件，光质本身都是中心区域最亮，越往外光量越少。这个中心区域叫作“强光点”，布光时，有种拍摄方法是大胆地将这个中心点往外移（错开中心点），因为周边光线较为柔和。若是介意强光点下拍摄的光线比较硬，使用这种拍摄方法会比较有效。这种布光的技巧叫作“羽化”。越是高聚光性的附件，稍微“错开”时越会显出效果。

从附件类别来看背景影子和距离之间的关系

此处使用了三种附件，改变拍摄对象和闪光灯之间的距离，来比较背景影子的出现方式。从画面表现看，两者离得越远，明暗对比越低。这也是值得关注的要点。

反光罩(直射/点光源)

靠近照射

离远照射

乍看之下似乎没什么区别，但是关键在于本影的轮廓。离远照射进行拍摄时，本影轮廓更清晰。本影变亮是因为流动环绕的反射光

柔光伞(跳闪光/面光源)

靠近照射

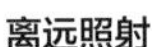

离远照射

这个距离产生的效果毫无疑问是使用了柔光伞。靠近照射进行拍摄时，明暗对比会提高，背景影子投下的范围会变大变弱

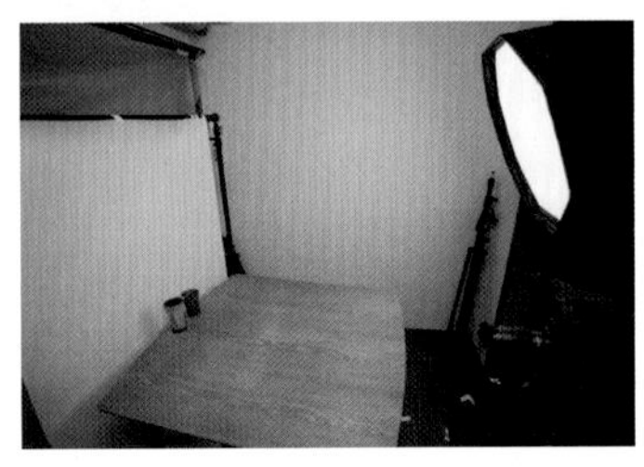

布光时，从正面偏右进行照射，要留意阴影的呈现角度。使3次测试的高度、距离差不多都在相同位置

柔光箱(漫反射光/面光源)

靠近照射

离远照射

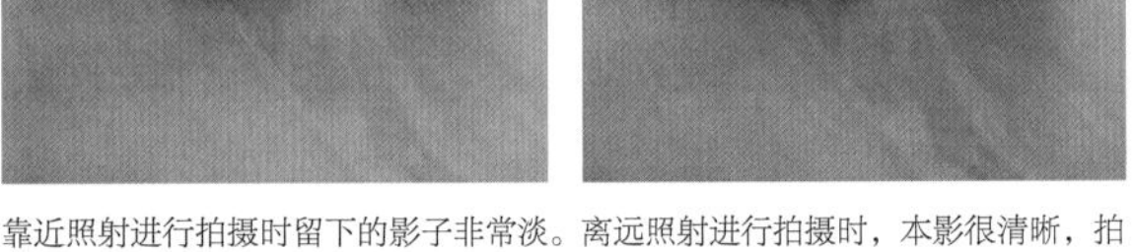

靠近照射进行拍摄时留下的影子非常淡。离远照射进行拍摄时，本影很清晰，拍摄对象的质感更柔和，但是给人的印象是有点过度柔和了

光源离拍摄对象越远，越会成为点光源

根据光源照射拍摄对象的距离不同，光质会随之发生变化。把闪光灯拿得越远，光质越柔和，光线环绕，给拍摄对象加入的阴影越微弱。拍摄对象越靠近闪光灯，背景会越暗。

但若是着眼于背景影子的话，可以发现布光中其他有趣的侧面。如上面图例所示，闪光灯离得越远，拍摄对象背后出现的影子轮廓越清晰。这是因为闪光灯的光源离得越远，越明显接近点光源。也就是说，毫无疑问可以这么认为，让光质变柔和的柔光箱离得越远，光线就会变成柔和光质，背后影子也易于消失。距离离得越远，越容易出现清晰明确的影子。这个特征不管使用哪种附件都是一致的。在拍摄对象背后出现影子的情况下，一定要多留意这个特征来进行布光。通过关注阴影，可以开阔摄影新视野。

→ 第 2 章

2

外接闪光灯的基础知识和摄影技法

布光时，使用起来最轻松方便的照明器材是外接闪光灯。本章将根据闪光灯光线的特征，讲解外接闪光灯的使用方法和摄影方法，首先深入研究这个附件，然后向布光的新世界迈进。

→ 第2章

01

外接闪光灯的各部件名称和特征

本章将以日清公司生产的“Di700A”为例，介绍外接闪光灯的特征及用法。

外接闪光灯（日清Di700A）的各部件名称

即便相机机型和制造商不同，外接闪光灯的构造的基本要素都是一样的，但个别功能和操作方法则由于机型不同而存在极大差异。使用时一定要根据说明书等来确认可使用的功能和名称的含义。

彩色面板（菜单画面）
本机型的特征是只有刻度盘和组合按键，非常简洁

闪光灯试闪键（试闪光/充电提示灯）
可以测试闪光灯用光的键。同时，每次闪光后，通过观察这个键可以确认距离下次闪光需要的充电时间

眼神光反光板
眼神光是指进入人眼中的反射光。靠近人物拍摄时，使用这个反光板可以给人眼中加入眼神光。跳闪摄影时会用到

闪光灯头
闪光灯从此处发光。发光的基本构造和内置闪光灯是一样的，即通过内部的放电管放射光线

广角反光片
使用广角镜头时，用来拓宽照射角的反光片。该机型是可以达到24mm（35mm换算）焦距的照射角，如果使用广角反光片，可以实现16mm焦距

自动对焦辅助光
在光线昏暗中使用自动对焦时，使用辅助光更便于对焦

电源开关
控制电源的开启和关闭

外部电源接口
插入充电组等外部电源时使用的接口

锁定环
使用这个锁定环可以将闪光灯与相机本体连接。如果安装不到位的话，可能无法正常运转，也会容轻易脱落丢失

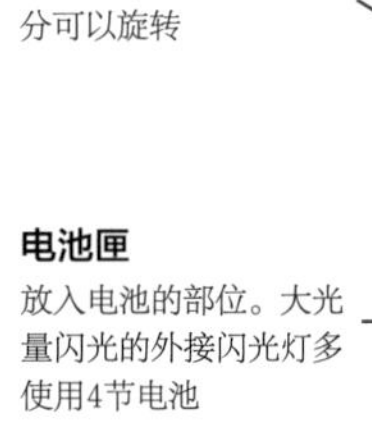

解锁键
按动这个按键，灯头部分可以旋转

电池匣
放入电池的部位。大光量闪光的外接闪光灯多使用4节电池

从属单元传感器
与闪光灯的光线同步时，可以引闪其他闪光灯的功能，被称为从属单元功能，此时这个传感器发挥感知外部闪光灯光线的作用

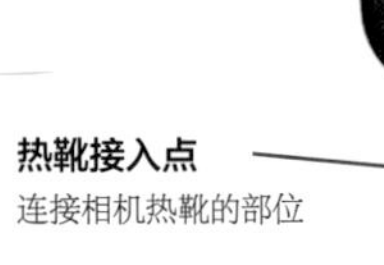

热靴接入点
连接相机热靴的部位

改变发光部位的朝向
很多外接闪光灯可以像图示这样任意改变发光部位的朝向。这与只能从相机正面直线照射的内置闪光灯之间存在较大差异

特征是拥有较大的闪光灯头，机体中部以上自带可旋转构造

外接闪光灯最大的魅力在于可以轻松发出大光量的光线，是拍摄布光时不可欠缺的设备。光量调节等所有功能皆可在机体背面的面板上进行操作。正规制造商的产品，相机本身自带的“闪光灯设置”可以调整光线，但是基本上发挥功能的要素在于制造商，在机型上不存在较大差异。外接闪光灯拥有较大的闪光灯头，使用时将下端的接入点接入热靴。这个连接部位必须可以锁定，固定到位后再使用。电源常用的是通用性较强的3号电池。

同时，外接闪光灯的特征还在于，很多机型的闪光灯头部位可以调整方向。具体来说，很多灯头可以向上90°、左右180°进行旋转。根据不同情况，通过转动灯头，可以较大地拓展外接闪光灯的表现范围。

外接闪光灯的种类

如果想要真正体会布光的乐趣所在，推荐使用高规格的闪光灯，但目前入门级闪光灯也有不错的技术表现。其中，有的闪光灯还可以创造出在近距离拍摄中使用的环形灯等特殊光源的效果。

入门级闪光灯

很多都是体积小轻巧型的，主流的GN闪光灯指数也在20~30之间。这类闪光灯大多无法调节闪光灯头的方向

佳能闪光灯270EX Ⅱ

中等级别闪光灯

很多机型的GN闪光灯指数在30~50之间。在大部分的日常拍摄场景中，这是使用起来毫不逊色的一种类型

奥林巴斯电子闪光灯 FL-600R

旗舰型闪光灯

很多机型的GN闪光灯指数都在40~60之间。不仅是闪光量，闪光速度和充电灯也是高规格的，功能也十分齐全

日清 Di866 MARK Ⅱ

环形灯

主要应用于微距摄影，为补充光量而使用的闪光灯。在拍摄肖像照时使用，可以描绘出更有趣味的画面

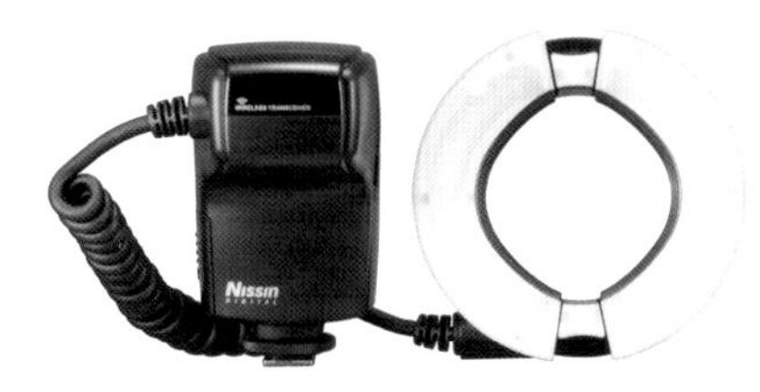

日清MF18 数码微距闪光灯

外接电源

外接闪光灯可以使用外接电源。可以不用在意电池的消耗放心拍摄，因此在长时间摄影中携带一个外接电源会比较便利。其魅力还在于充电速度较快

日清 电源组 PS8

内置闪光灯和外接闪光灯的闪光量区别

最近拥有较大光量的内置闪光灯也增加了不少，但还是无法与外接闪光灯匹敌。以下两张图例是闪光灯从距离拍摄对象 3 米处照射时拍摄的照片（f/8、1/60 秒、ISO 200、35mm [50mm 换算]）。可以看出，在画面明亮度上，光量有所不同。

用内置闪光灯进行拍摄

用外接闪光灯进行拍摄

使用广角端拍摄时可以使用广角扩散板

下面两张图例是使用 17mm（35mm 换算）广角端拍摄的照片，未使用广角扩散板的照片四周落下了暗影，而使用了广角扩散板的照片中，四周的光线得到了补充。

未使用广角扩散板

使用广角扩散板

知识点

购买外接闪光灯时要确认匹配性

外接闪光灯可分为纯正相机制造商生产的产品和闪光灯制造商生产的通用产品。相机制造商生产的闪光灯中，除了一部分，基本上不具有与其他制造商相机的匹配性。闪光灯制造商生产的产品与相机制造商具有不同的种类。同时，即便是同一家制造商生产的产品，有的功能也无法在旧机型上对应使用。所以在购买闪光灯时，要认真确认是否与自己正在使用的相机匹配。

→ 第2章

02 运用闪光灯指数确定光量

观察外接闪光灯的特征时，一个参考标准是闪光灯指数。本节就来确认一下它的作用和具体的观察方法。

闪光灯指数（英文缩写为GN）表

※感光度为ISO 100的情况下

GN ÷ 拍摄光圈 = 闪光灯距拍摄对象的距离（m）
拍摄光圈 × 闪光灯距拍摄对象的距离（m）= GN
GN ÷ 闪光灯距拍摄对象的距离（m）= 拍摄光圈

按照公式可以计算GN值，拍摄时便于确认

ISO感光度与GN值的关系

※使用GN值为40的外接闪光灯时的变化

ISO感光度	倍率	GN
100	1	40
200	1.4	56
400	2	80
800	2.8	112

使用闪光灯时，ISO值可以各不相同，并不仅仅是ISO值100。改变ISO值时，GN值的倍率会发生如图表中所示的变化。请务必参考这个图表

闪光灯焦距与焦点距离的关系

下面4张图例用来比较闪光灯焦距与焦点距离的联动性。图例A使用长焦镜头拍摄，但是闪光灯焦距使用了广角端，因此照片拍出来比较暗。即便加大闪光灯指数也于事无补。反之，图例C使用广角端拍摄，但是闪光灯焦距是长焦，使光线变得像点光源一样。

A：使用闪光灯焦距24mm、长焦100mm进行拍摄

C：使用闪光灯焦距105mm、广角24mm进行拍摄

B：使用闪光灯焦距105mm、长焦100mm进行拍摄

D：使用闪光灯焦距24mm、广角24mm进行拍摄

观察闪光灯指数的时候，也要确认与景深的联动性

闪光灯指数是指闪光灯输出的闪光能到达多远距离的数值，用GN来表示。GN值越大，闪光灯输出的光量越大。闪光灯指数是在ISO感光度为100的设定下，从距离1米处全光输出时的光圈值。如此可以推算出以下规律：GN÷拍摄光圈=闪光灯距拍摄对象的距离（ISO感光度为100）。例如，GN58的闪光灯从距离被摄体5米处拍摄时，将ISO感光度设定为100，光圈为f/11左右，能在最合适的曝光设置下拍摄照片。

同时，现在的大多数外接闪光灯的焦距都能与镜头的焦点距离有所联动，此时根据使用的焦点距离，闪光灯指数随之发生变化。具体来说，与广角时的闪光灯指数相反，长焦时调大闪光灯指数，可以使光线更集中，更有效率的照射到远处。观察闪光灯的闪光灯指数时，也要确认与景深的联动性。

→ 第2章

03

关于使用闪光灯时的同步速度

使用闪光灯时，必须关注同步速度。同步速度依存于所使用的相机。下面就来看看它的构造原理。

使用同步速度为1/250秒的相机带来的画面表现的变化

如下图所示，快门速度越快，后帘拍摄进的画面越大。为了防止拍摄失败，在使用闪光灯时，有的机型无法使用快于同步速度的快门速度。

1/250秒（同步速度）

1/500秒

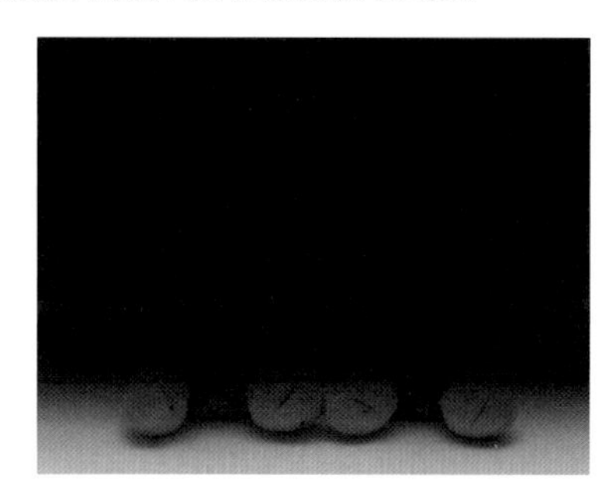

1/1000秒

快门帘幕移动的结构

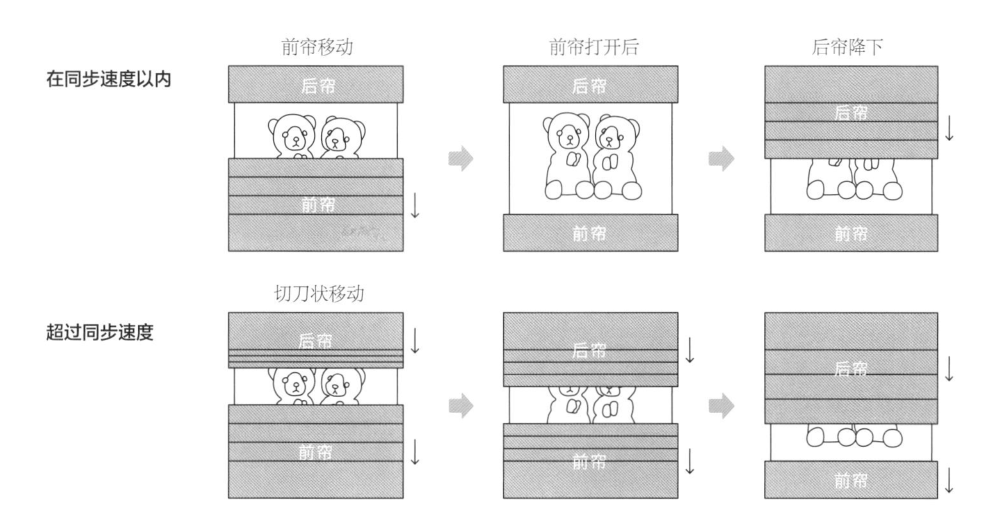

如左图所示，如果快门速度较慢，快门帘幕就会处于全部打开状态，使闪光灯能够输出闪光，就不会把帘幕拍入照片。同时，这个快门帘幕的构造被称为焦平面快门。现在，许多数码单反相机都使用这种构造

使用闪光灯时，要检查相机的同步速度

闪光灯的构造使其只有在一定的高速快门速度以内才能使用。这个最高速度被称为同调速度（也称同步速度），表示为X。根据使用的相机不同，该同步速度会发生变化。如果闪光灯的闪光速度高于同步速度的话，照片中会拍入黑色帘幕，导致无法较好表现画面。

闪光灯只有在快门全开时才能照射到整个画面。快门分为前帘和后帘，前帘先会在传感器前发生移动，然后后帘发生移动。如果闪光灯速度高于同步速度，在到达一定速度时，前帘和后帘以切刀状发生移动，如果在这种状态下闪光灯发出闪光，后帘会遮挡住闪光灯光线。刚才示例画面中拍进的黑色部分就是这个后帘。也就是说，同步速度就是能让快门全开但前帘和后帘不会出现切刀状的最高速度。使用闪光灯时需要关注这个同步速度。

04 TTL自动模式的特征和构造

使用外接闪光灯时，有个不可或缺的功能就是 TTL 自动模式。该模式可根据相机的设置，自动选择最合适的光量。

TTL自动模式的构造

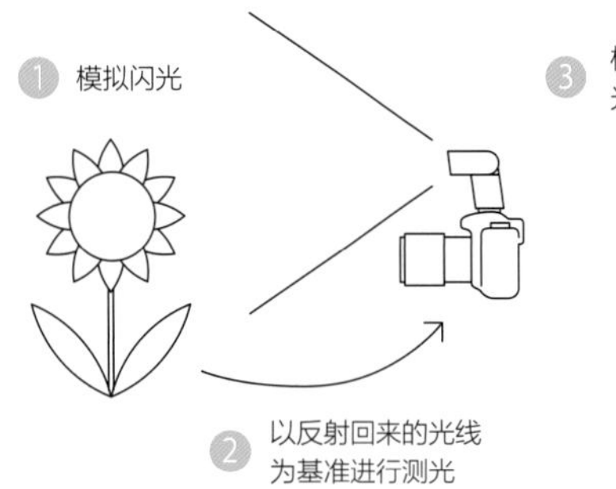

该模式通过模拟闪光反射回的光线进行测光，闪光灯发出真实闪光。使用TTL自动模式时，试着辨认一下闪光灯光线，可以确认相机并不是只闪光一次

TTL自动模式的优势

如下图例照片是在相同亮度下改变拍摄距离和光圈值进行拍摄的。使用外接闪光灯时，这些看上去理所当然的画面表现，实际上是由 TTL 功能推算出瞬间发出的适当光量而实现的。

拉开距离进行摄影
光圈 f/8
1/125秒
ISO 200
TTL自动模式

靠近进行摄影
光圈 f/8
1/125秒
ISO 200
TTL自动模式

靠近进行摄影
光圈 f/4
1/125秒
ISO 200
TTL自动模式

通过模拟闪光测定光量，这个便捷功能可以应对各种摄影

所谓TTL，就是“Through the Lens”的缩写。顾名思义，这个功能就是从通过镜头的光线直接进行测光，闪光灯输出最适当光量的闪光。也就是说，将闪光灯设置为TTL自动模式时，根据相机的设定，闪光灯能自动进行调光，输出闪光照射，以便在最适当的曝光下进行拍摄。手动闪光则需要拍摄者自己确定光量。比如，在确定了一次光量后，如果拍摄对象发生移动而改变了与相机之间的距离，就必须重新确定光量。但如果使用TTL自动模式，即使与拍摄对象之间的距离并不固定，即使将相机改为“随机应变”，闪光灯都可以根据当时的情况自动调整输出光量。

为什么使用TTL自动模式时，只要按下快门按钮，就可以选择需要的光量呢？实际上使用TTL自动模式时，在实际闪光之前，闪光灯会发出轻微的模拟闪光。相机对模拟闪光中反射回来的光线进行测光，从而推导出摄影需要

TTL自动模式和自动外部测光模式

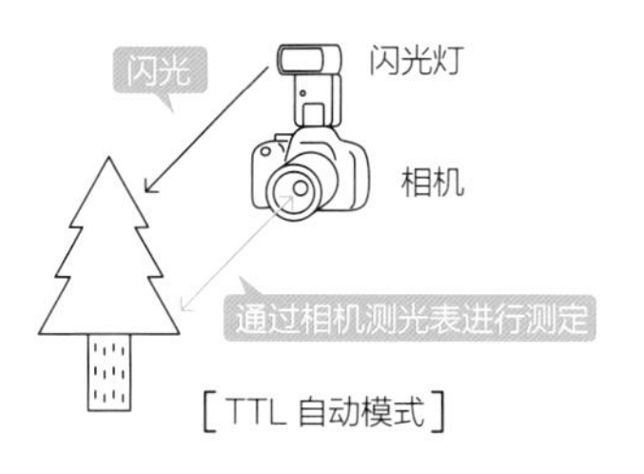

[TTL自动模式]

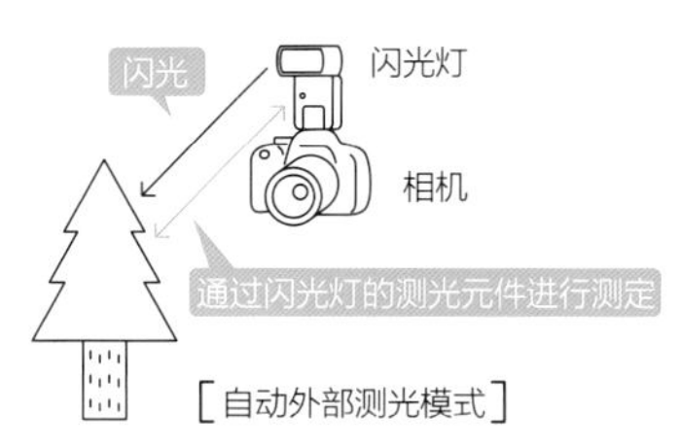

[自动外部测光模式]

上面两图展示了相机测光和闪光灯测光的差异。自动外部测光模式会在视角上出现差异，因此它的特征是在实际拍摄的视角中，很难测定准确的曝光值

知识点

使用TTL自动模式也要留意匹配性

尽管TTL自动模式在使用外接闪光灯时很常用，但实际上这个功能使用了非常高超的技术，如果闪光灯和相机之间无法相互配合的话，基本上无法使用。即便是同一制造商的产品，有的闪光灯也无法对接在旧机型上。即便闪光灯可以对应TTL自动模式，如果相机与这个闪光灯不匹配，也毫无意义。

用TTL自动模式进行拍摄

拍摄参数
- 佳能EOS 5D Mark Ⅲ
- 佳能EF 24-70mm f/2.8L Ⅱ USM
- 光圈优先自动(f/4、1/125秒)
- ISO 100 · AWB · 28mm
- 无TTL闪光曝光补偿

这样射入自然光的窗边等场景最适合使用TTL自动模式。在反映出此时光源的同时，对闪光灯进行调光，可以轻松拍摄肖像照。此处使用了光圈优先模式，边汇聚外部光线边进行拍摄，闪光灯头直接照射向拍摄对象

的光量。也就是说，TTL自动模式中，闪光灯会向拍摄对象输出两次闪光。

了解TTL自动模式之外的调光功能

TTL自动模式的魅力在于可以根据当时的环境光线进行自动调光。因此，在后文提到的闪光灯补光和射入自然光的室内等场景中，也很适合使用这种模式。从这个设定开始进行闪光曝光补偿，也更有可能得到自己满意的光量输出闪光。

同时，除了TTL自动模式和手动闪光模式之外，还有一种调节光量的功能是自动外部测光模式。与TTL自动模式通过相机进行测光不同，自动外部测光模式的功能是通过相机进行测光，然后确定光量。在TTL自动模式成为主流之前，这是许多闪光灯使用的自动调光功能。这种模式优点在于即便相机不同也可以闪光，缺点在于即使镜头视角发生变化，发光量也不会发生变化，与相机之间的联动性很低。

05 闪光曝光补偿和手动闪光

闪光灯的光量主要可以通过两种方法控制。本节将就其各自的便利性和使用区别进行介绍。

闪光曝光补偿的设定方法（日清Di700A）

打开电源选择TTL

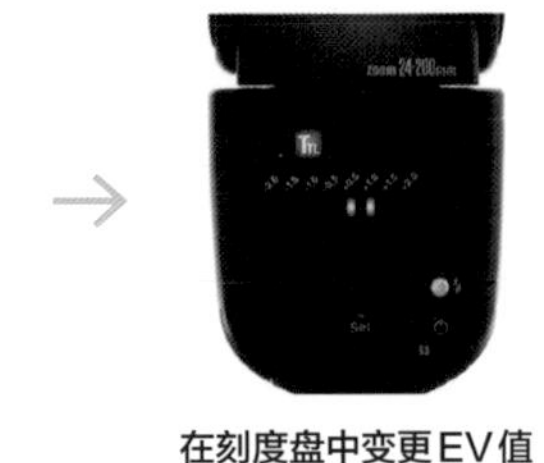

在刻度盘中变更EV值

不同机型具有不同的设定方法，但是总的来说，这也是一种利用频度较高的功能，可以简单进行操作。在很多机型上闪光曝光补偿可以1/3EV或1/2EV的幅度在±2~±3EV进行调整

相机的闪光曝光补偿功能（佳能EOS 5D Mark Ⅲ）

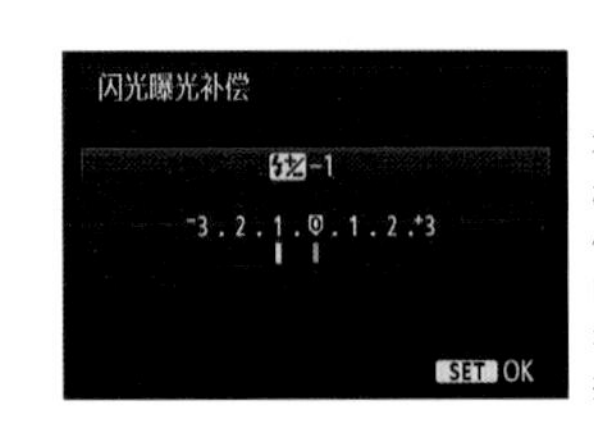

有的机型可以通过相机进行闪光曝光补偿。操作时，不要与闪光灯的调整功能混淆，仔细区分，事先把握好两者功能

关于闪光曝光补偿的幅度

相机中可以进行闪光曝光补偿的机型，与闪光灯的闪光曝光补偿相互配合，能够拓宽补偿范围。在下面的图例中，将日清闪光灯Di700A与佳能相机EOS 5D Mark Ⅲ配合使用，日清闪光灯Di700A单独的调光范围是±2EV，佳能相机EOS 5D Mark Ⅲ的曝光补偿范围是±3EV，两者配合后，闪光曝光补偿范围最大可以达到±5EV。

－5EV

－2EV

－1EV

无补偿

＋1EV

＋2EV

＋5EV

若想把画面调整得更生动，推荐使用TTL闪光曝光补偿

TTL自动模式是非常优秀的相机功能，其依存于相机的测光功能，因此如果不能顺畅使用，会使画面过亮或过暗。根据场景不同，有时也需要有意识地调整光量，改变照片的观感。此时能发挥作用的功能就是闪光曝光补偿。TTL自动模式的功能中，针对相机确定的闪光量，还可以增减闪光灯光量进行调整。

闪光曝光补偿的操作方法因机型各异，但都非常简单。设定为TTL自动模式后，数值越往正向移动，闪光量越多。此时使用的数值被称为EV值。将数值调整为+1，就是+1EV，也就是增加了一挡光量。

同时要记住，在闪光灯中增加1EV的光量，就意味着输出的光量增加一倍；反之，减少1EV的光量，相当于输出的光量减少一半。这不仅适用于外接闪光灯，在其他大型闪光灯中也是同样的调整幅度。

手动闪光模式的设定方法（日清Di700A）

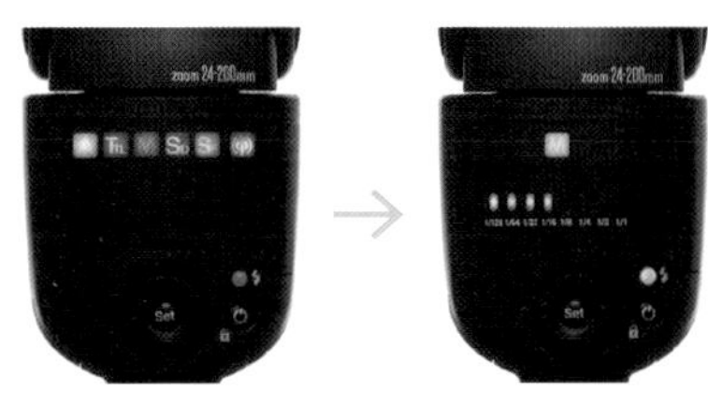

一边观察输出的显示画面，一边进行设定。以1/1为全光，每次1/2挡来减少输出光量。根据机型不同，输出的幅度随之发生变化。也有的机型以1/3或1/2挡为一个单位进行调整

打开电源，选择M手动模式　根据输出的显示画面进行变更

在难以测光的情况下可以使用手动闪光模式

如下的两张照片是使用TTL自动模式拍摄的，曝光不同。拍摄对象和背景的整体画面都变得很黑，这是因为没有让相机的测光功能得到有效发挥。在这种场景中，可以切换为手动闪光模式，固定闪光量进行布光。

用TTL自动模式进行拍摄

拍摄参数
- 佳能EOS 5D Mark Ⅲ
- 佳能 EF100mm f/2.8L IS USM微距
- 手动曝光（f/16、1/125秒）
- ISO 100 ● 5300K ● 100mm
- 闪光曝光补偿+1EV

（上下图例拍摄参数相同）

缩小光圈将整体画面拍得更清晰。两张照片都使用了相同的TTL数值，但是亮度不同。相机稍微离远一点，使用无线闪光，从右斜上方直接照射，呈现出浓重的阴影

使用手动闪光模式，细致调整亮度

TTL自动模式适合用于即时性拍摄。另外，想要细致描绘画面时，使用手动闪光模式比较易于拍摄。尤其是组合使用多灯时，可以比较确认每个闪光灯的输出数值，把握好光线平衡。如下的图例使用了无线引闪，让一个闪光灯从右侧进行天花板跳闪，另一个闪光灯加上蜂巢罩灯从左侧进行照射。观察各个闪光灯的光线平衡，进行拍摄。

拍摄参数
- 佳能EOS 5D Mark Ⅲ
- 佳能EF 100mm f/2.8L IS USM微距
- 手动曝光（f/2.8、1/125秒）
- ISO 100 ● 5500K ● 100mm
- 手动闪光（天花板跳闪1/16／蜂巢罩灯1/128）

（上下图例摄影数据相同）

一边改变输出光量，一边反复进行试拍，然后确定布光。蜂巢罩灯虽然照射范围较狭窄，但是闪光灯可以对准拍摄对象闪光，蜂巢罩灯可以补充左侧画面光量。天花板跳闪是主光源

天花板跳闪＋左侧蜂巢罩灯

仅使用天花板跳闪

手动闪光的特征在于固定的曝光量和准确的把握性

要想调整闪光量，除了闪光曝光补偿外，在手动闪光模式中也可以实现。此时可以使用测光表进行测试后调整闪光量。手动闪光模式的曝光变化与TTL自动模式一样，想增加一倍输出光量，就要增加1EV的光量。

手动闪光要确定光量，需要花费一定时间，这一点不同于自动进行测光的TTL自动模式。手动闪光灯的最大特征是可以固定曝光量。在同等条件下想要拍摄多张照片时，使用手动闪光模式，一旦决定曝光量后，就不会导致画面虚化模糊。手动闪光的优势还在于通过输出数值可以切实把握闪光量。之后不管如何增加或减少输出光量，都可以准确把握好闪光量。对于无法对应使用TTL的闪光灯可以使用手动闪光。通过同时使用手动闪光，可以增加闪光灯的通用性。

06

闪光时间和快门速度的关系

闪光灯是瞬间光，因此只使用闪光灯进行拍摄时，不会受到快门速度的影响。拍摄快速运动的拍摄对象时，根据闪光时间的不同，画面表现会发生变化。

改变快门速度拍摄运动的拍摄对象

此处除了快门速度，没有改变其他设定。即便是低速快门，也能较好地定格拍摄对象，自然也没有曝光量的变化。也就是说，这是因为闪光时间短，只使用闪光灯光源进行拍摄，在闪光灯啪一下发出闪光的瞬间进行了曝光。

1/5秒

1/20秒

1/125秒

运用短暂的闪光时间摄取液体的动态

减少闪光量，利用短暂的闪光时间进行拍摄。从连拍中选择最具有跃动感的照片。在这样的画面表现中，闪光时间非常重要。如果使用超高速快门无法有效定格画面，就无法传达出拍摄意图。

拍摄参数
- 佳能EOS 5D Mark Ⅲ
- 佳能EF 100mm f/2.8L IS USM微距
- 手动曝光(f/11、1/125秒)
- ISO 800 ● 5300K ● 100mm
- 手动闪光1/128

用短暂的闪光时间拍摄高速运动的拍摄对象

闪光时间指的是闪光灯闪光的时间。外接闪光灯的闪光时间大多数是1/30000秒～1/1000秒。闪光速度越快，越能有效定格高速运动的拍摄对象。同时，闪光时间根据使用的输出光量发生变化。增加闪光量，闪光时间会变长，减少闪光量，闪光时间会变短。因此，若想使用超高速快门定格拍摄对象，最好尽可能减少光量，使闪光灯发出闪光。想将画面拍暗的话，可以提高ISO值。

从这种构造可以看出，如果只使用闪光灯光源拍摄照片，快门速度的数值不管如何变化，都不会影响画面表现。因为不管快门速度是1/200秒还是1秒，只有在闪光灯发出闪光的瞬间才进行曝光。真正与快门速度相关的时刻是在自然光等恒定光下使用闪光灯的时候。根据使用的快门速度，可以调整恒定光与闪光灯光线的比例。

→ 第2章

07

前帘同步和后帘同步的拍摄区别

放慢快门速度使用闪光灯时，可以改变闪光的时机。本节主要介绍两种方法。

比较前帘同步和后帘同步

拍摄中使用三脚架，2 秒曝光时间。越是低速快门，前帘同步和后帘同步在画面表现上的区别越明显。例如，低速快门下拍摄动态，同时使用闪光灯，使用后帘同步更能呈现出自然的画面效果。

前帘同步

拍摄参数
- 佳能EOS 5D Mark Ⅲ
- 佳能EF 24-70mm f/2.8L Ⅱ USM
- 手动曝光(f/5、2秒)
- ISO 100 ● AWB ● 24mm
- 手动闪光1/8

后帘同步

拍摄参数
- 佳能EOS 5D Mark Ⅲ
- 佳能EF 24-70mm f/2.8L Ⅱ USM
- 手动曝光(f/5、2秒)
- ISO1 00 ● AWB ● 24mm
- 手动闪光1/8

在闪光灯或者相机机身上可进行前帘、后帘同步的设定。这是佳能EOS 5D MarkⅢ的闪光功能设置画面。只有接上闪光灯时才能改变该设置

知识点

尝试使用频闪模式

频闪模式的功能是指在一次拍摄中让闪光灯发出多次闪光，来拍摄运动中的拍摄对象。闪光次数和闪光间隔等可以自行调整。但由于是连续闪光，要点在于设定的光量要少于手动闪光模式。无法使用 TTL 自动模式。

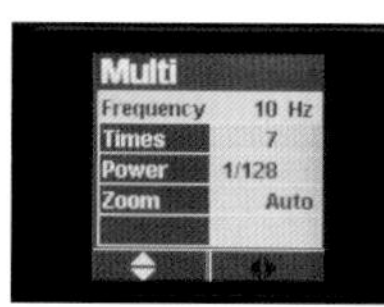

这是[日清Di866 MARK Ⅱ]的频闪模式的设定画面。从上往下可以设置闪光间隔（Frequency）、闪光次数（Times）、闪光量（Power）。大多数机型的设置内容都是相同的

使用频闪模式进行拍摄。在这种拍摄中关键要素在于选择黑色（昏暗）背景，从而可以让拍摄对象切切实实浮现在画面中

● 佳能EOS 5D MarkⅢ ● EF 24-70mm F2.8L Ⅱ USM ● 手动曝光（f/5、2秒） ● ISO 100 ● AWB ● 24m ● 手动闪光1/8

低速摄影时要灵活改变相机设定

拍摄时，会先打开前帘，关闭后帘，然后完成摄影。前帘全部打开的同时闪光灯输出闪光的方式就称为“前帘同步”。后帘开始关闭前闪光灯输出闪光的方式就称为“后帘同步”。使用低速快门在室外拍摄运动物体时，这两种同步方式会带来画面表现的差异。拍摄人物和车辆等事物时，如降低快门速度使用闪光灯，拍摄对象就会虚化模糊，只能定格有闪光灯照射的部分。

此时，使用前帘同步，在快门打开的同时闪光灯输出闪光，可以拍摄下在前进方向的后方变得明亮的拍摄对象。而后帘同步则是在快门关闭前的瞬间闪光，可以拍摄下在前进方向的前方被闪光灯照射的拍摄对象。如果想要自然表现出运动物体的轨迹，推荐使用后帘同步。通常拍摄中会使用前帘同步的设定，可根据需要变更为后帘同步。

08

闪光灯补光的操作方法和画面效果

闪光灯补光指的是白天在室外使用闪光灯进行拍摄。闪光灯补光的技法能使室外拍摄的画面表现发生戏剧性变化。

逆光下光量不足时，使用闪光灯进行补光

图例所示照片是傍晚时分强逆光下拍摄的。使用光圈优先自动曝光，在TTL自动模式下进行拍摄，可以使画面背景不曝光过度，拍摄出明亮的氛围。闪光灯补光大多数应用在补偿不足的光量之时。另外，补偿阴天光量等具有明暗差的场景中，也是有效的。

只用自然光进行拍摄

使用闪光灯补光进行拍摄

拍摄参数
- 佳能EOS 5D Mark Ⅲ
- 佳能EF 85mm f/1.2L Ⅱ USM
- 光圈优先自动（f/2.8、1/200秒）
- ISO 400 ● AWB ● 85mm
- TTL闪光曝光补偿－0.5

补偿不足光量，切实描绘出拍摄对象的质感

闪光灯补光是将自然光与闪光灯配合使用的一种表现方式，这就像增加闪光灯的多灯布光。太阳光是伟大的光源，根据拍摄状况，灵活地将其与闪光灯光源配合，可以表现出更有纵深感的画面。将闪光灯照射到画面前部的拍摄对象，减少其与背景之间的明暗差，可以将拍摄对象拍得明亮。使用正向曝光补偿，背景会曝光过度，使用反光板也无法调整细节部位的曝光量。通过使用闪光灯补光，可以切切实实补充拍摄对象的光量。同时，希望呈现拍摄对象的张弛感时，也会使用闪光灯补光。比如，阴天时拍摄的画面都容易欠缺色彩搭配和质感，使用闪光灯补光，不仅可以突出明暗对比，还能使拍摄对象显得更加立体。在肖像照中也可以呈现出服饰的质感。

闪光灯补光的操作方法

闪光灯补光可以充分应对“各种优先模式 +TTL 自动 + 闪光曝光补偿”。如右侧图例，首先加大发光量，使用闪光曝光补偿营造出自然的氛围，并在闪光灯照射下呈现出了拍摄对象的质感。这就是闪光灯补光的效果。

仅使用自然光
光圈优先自动
（f/2.8、1/125秒、ISO 400）

闪光灯补光，无闪光曝光补偿
光圈优先自动
（f/2.8、1/125秒、ISO 400）

闪光灯补光，闪光曝光补偿－0.5EV
光圈优先自动
（f/2.8、1/125秒、ISO 400）

要注意明亮日间时的光圈优先自动曝光

如下图例照片使用佳能 EOS 5D Mark Ⅲ 进行拍摄。这款相机的同步速度是 1/200 秒。照片中拍摄的是路边的花朵，如果只使用自然光则花朵较暗（图例 A）。反之，使用闪光灯补光，照片会变得较为明亮（图例 B）。这是因为加大了光圈，使用的合适快门速度超过了同步速度。将摄影模式切换至快门优先自动模式，在 1/200 秒的快门速度下进行拍摄（图例 C）。通过调整到合适的光圈值，也可以切实补充画面前部花朵的光量。

A：只使用自然光，无曝光补偿
光圈优先自动（f/2.8、1/8000秒、ISO 100）

B：闪光灯补光，无闪光曝光补偿
光圈优先自动（f/2.8、1/200秒、ISO 100）

C：闪光灯补光，无闪光曝光补偿

拍摄参数
- 佳能EOS 5D Mark Ⅲ
- 佳能EF 24-70mm f/2.8L Ⅱ USM
- 快门优先自动（f/13、1/200秒）
- ISO 100 ● AWB ● 24mm
- 无TTL闪光曝光补偿

闪光灯补光在各种优先模式下都很便捷，使用光圈优先时要注意避免曝光过度

关于闪光灯补光的操作方法，将拍摄模式设定为全自动模式、光圈优先模式、快门优先模式等各种优先模式，使用TTL自动进行闪光是最简单的。使用闪光曝光补偿可以调整光量。但是在明亮的室外使用光圈优先自动模式时，需要多加注意。如果为了营造出背景虚化效果而过度加大光圈的话，会导致快门速度超过同步速度。如果是可以将同步速度自动设定为快门速度的机型，照片就会曝光过度。此时如果缩小光圈，或使用快门优先模式/全自动模式来拍摄，可以在适当的曝光下享受闪光灯补光的乐趣。

另外，还可以使用手动模式。在自然光下固定好曝光量，然后使用闪光灯进行闪光，此时使用TTL自动模式也非常便捷。优势还在于可以固定曝光量，稳定进行拍摄。习惯闪光灯补光后，也可以尝试使用手动模式进行拍摄。

→ 第2章

09

高速同步的特征和使用注意事项

高速同步指的是使用闪光灯时可以配合使用高速快门的功能。本节讲解高速同步的特征和使用时的注意事项。

拍摄时通过高速同步来虚化背景

使用高速同步时，不必顾虑当时的亮度，更加自由地调整光圈。如下图例是在强逆光下拍摄的，但是通过闪光灯补光不仅把拍摄对象拍得明亮，背景也虚化得较为生动，使画面的最终效果更有力。

佳能EOS 5D MarkⅢ的高速同步设置画面。从相机机身或闪光灯两者都可以进行设置。很多设置项目都跟前帘、后帘同步一样

拍摄参数

- 佳能EOS 5D Mark Ⅲ
- 佳能EF 24mm f/1.4L Ⅱ USM
- 光圈优先自动(f/2、1/4000秒)
- ISO 100 ● AWB ● 24mm
- TTL闪光曝光补偿＋1EV

想要营造背景虚化效果和拍摄高速运动的拍摄对象时，使用高速同步非常便捷

在明亮的户外使用闪光灯进行拍摄时，同步速度无论如何都会成为缩小表现幅度的一个重要原因。比如上页所示的路边花朵照片中，在那种环境下使用闪光灯补光时，缩小光圈只能描绘出清晰的画面。可以解决这种同步速度问题的功能就是高速同步（FP闪光）。使用这个功能，可以忽略同步速度，从而能够运用闪光灯补光。

能够有效发挥高速同步作用的场景主要有两种。首先，如前所述，在明亮的户外，想要加大光圈、虚化背景、使用闪光灯补光的时候。在拍摄人像和花朵时，也可以营造出背景虚化的效果。在低速同步中，如果提高闪光灯的闪光时间，被照射的部分可以切切实实定格在画面中，但是自然光曝光的部分会虚化模糊。如果使用高速快门，这些部分可以确确实实地定格在画面中。

与不使用高速同步的画面表现进行比较

这是和前一页图例进行比较。图例 A 拍摄时没有进行曝光补偿，相比之下，图例 B 拍摄得更亮，但是背景也相应的曝光过度了。图例 C 使用了闪光灯补光，快门速度达到了同步速度，因此通过光圈调整亮度，将焦点对准背景，画面稍微欠缺立体感。

A：只使用自然光无曝光补偿
光圈优先自动（f/5、1/500、ISO 100）

B：只使用自然光＋1EV
光圈优先自动（f/5、1/250秒、ISO 100）

C：闪光灯补光无闪光曝光补偿
光圈优先自动（f/8、1/200秒、ISO 100）

使用高速同步切实定格下动态

只使用闪光灯光源拍摄时，通过闪光速度可以定格下拍摄对象的动态，但是在室外的自然光下则无法实现这种效果。通过使用高速同步，将高速快门和闪光速度组合，可以切实定格拍摄对象的动态。

拍摄参数
- 佳能 EOS 5D Mark Ⅲ
- 佳能 EF 24-70mm f/2.8L Ⅱ USM
- 快门优先（f/4、1/1600秒）
- ISO 100 ● AWB ● 24mm
- TTL 闪光曝光补偿＋1EV

高速同步的构造

相较于快门速度超过同步速度时的切刀状移动，连续不断的闪光就是高速同步。由于会在一次拍摄中连续闪光，会产生大量的电池消耗。

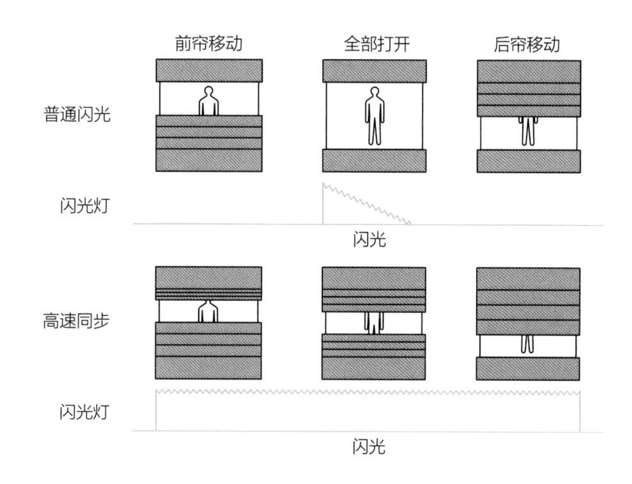

高速同步会降低光量，要多加注意

高速同步使用什么构造来对应高速快门呢？当相机的快门速度超过同步速度时，会发生切刀状移动，高速同步就是闪光灯在这个短暂的瞬间连续闪光，照射整个传感器。也就是说，高速同步通过闪光灯不间断地持续闪光，从而达到高于同步速度的快门速度。

但是，这个功能会给闪光灯增加巨大的负担。首先就是闪光量会降低。即便使用闪光灯的全光，拍摄对象也会被拍得昏暗，这种情况下需要缩小摄影距离。外接闪光灯推荐使用闪光灯指数较大的类型。电池消耗也比较快，要准备好备用电池和能量盒。另外，并不是任何一种外接闪光灯都具有高速同步功能，有时闪光灯和相机之间没有匹配性，导致无法使用，因此要多加注意。

10 低速同步的使用方法和拍摄特征

拍摄夜景肖像照时，使用的功能是低速同步。降低快门速度，可以缩小与闪光灯之间的曝光差。

与低速同步的比较

低速同步是如下方图例一般，配合背景曝光使用闪光灯的摄影技法。将背景拍得稍微明亮一点更能强调出灿烂华丽的氛围。同时，除了夜景等画面表现，如果在昏暗室内想要将当时的氛围一同摄入画面，低速同步也是非常有效的。

不使用闪光灯进行拍摄
手动曝光（f/4、0.5秒、ISO100）

使用高速闪光进行拍摄
光圈优先自动（f/4、1/60秒、ISO100）

使用低速同步进行拍摄

拍摄参数
- 佳能EOS 5D Mark Ⅲ
- 佳能EF 85mm f/1.2L Ⅱ USM
- 手动曝光（f/4、0.5秒）
- ISO 100 ● AWB ● 85mm
- 无TTL闪光曝光补偿

使用闪光灯来补偿因配合背景导致的曝光不足部分

低速同步是降低快门速度使用闪光灯的摄影技法。前文中介绍的前帘同步和后帘同步等功能，无疑是以低速同步为基础的。使用这种技法的代表性场景就是拍摄夜景肖像照。一般来说，使用闪光灯会将受光部分（人物）拍得较亮，不受光的背景就会变得昏暗模糊。此时，降低快门速度能够保证切实拍出背景，之后使用闪光灯，就能将背景和画面前部的人物同时拍亮。这就是低速同步的效果。

拍摄时使用手动模式，固定好光圈值和快门速度，从而将背景拍亮。ISO值基本上设定为低感光度，高画质的画面更能体现出夜景的繁华。闪光灯使用TTL自动模式毫无问题。尝试根据需要进行闪光曝光补偿，寻找理想的曝光值。

使用快门速度调整背景亮度，利用TTL闪光曝光补偿调整画面前部的人物

如果拍摄的人物没有达到预想中的亮度，可以使用闪光曝光补偿来解决。若想调整背景的亮度，推荐利用快门速度。这样可以微调画面，而不影响景深。

背景曝光过度
手动曝光（f/2.8、2秒、ISO100）

背景标准曝光
手动曝光（f/2.8、1/4秒、ISO100）

手持拍摄时可以通过ISO值进行调整

如果没有三脚架，可以通过提高ISO感光度，获得与低速同步相同的效果。此时，要多留意画质。

拍摄参数

- 佳能EOS 5D Mark Ⅲ
- 佳能EF 85mm f/1.2L Ⅱ USM
- 手动曝光（f/4、1/60秒）
- ISO 3200 ● AWB ● 85mm
- 无TTL闪光曝光补偿

使用高感光度进行拍摄

有意虚化进行拍摄

右边的图例是以彩灯为背景，有意左右摇动相机进行拍摄的一张照片。灵活运用这种手法进行拍摄的话，可以描绘出有动感的画面。也有的拍摄方法是一边走动一边拍摄

拍摄参数

- 佳能EOS 5D Mark Ⅲ
- 佳能EF 24-70mm f/2.8L Ⅱ USM
- 手动曝光（f/4、1/8秒）
- ISO 200 ● AWB ● 24mm
- 无TTL闪光曝光补偿

左右摇动相机进行低速摄影

摄影时要注意模糊，但有时是有意移动呈现跃动感

使用低速同步时需要注意的地方是拍摄对象抖动和手部抖动。要让拍摄对象切实保持静止状态，拍摄时使用三脚架。没有三脚架的时候，可以提高ISO值增加快门速度。但若过度提高ISO值，会给画质造成影响，要多加留意。背景曝光可以通过快门速度进行调整。快门速度越慢，背景越明亮。

低速同步可以有效应对各种情况。比如，在低速同步下有意移动手部，可以拍摄出有动感的彩灯光迹和夜景肖像照。此处的背景也非常重要，要尽可能寻找能拍摄到多一点彩灯和街灯的拍摄地点，将这些灯作为背景。光迹越多，越能成为画面表现的重点。如果此时的快门速度过慢，则无法留下漂亮的光迹，所以应以1/10秒左右的快门速度作为参考基准。

11

无线引闪的操作方法和效果

将外接闪光灯从相机的热靴上取下来，可以使用无线引闪。这是在布光中不可欠缺的功能。

比较外接闪光灯和无线引闪的画面表现

无线引闪是可以极大拓宽布光可能性的一个功能。比较这两张照片，其中的差异显而易见。使用无线引闪的照片中，画面表现和阴影都具有立体感。使用外接闪光灯的照片中，因为是正面照射的光源，画面中没有阴影，最终效果略显平面。并不是说哪一张照片更好，关键点在于增加了布光的选择项。

使用外接闪光灯进行拍摄

从左上方使用无线引闪照射进行拍摄

拍摄参数
- 佳能EOS 5D Mark Ⅲ
- 佳能EF 24-70mm f/2.8L Ⅱ USM
- 光圈优先自动（f/4、1/100秒）
- ISO 400 ● AWB ● 45mm
- 无TTL闪光曝光补偿

在自由布光中不可欠缺的功能

外接闪光灯很多情况下是直接装在相机热靴上进行使用的附件，但此时只能从相机正面使用闪光灯进行闪光。这时需要出场的就是无线附件了。将相机和闪光灯通过无线连接，使闪光灯发出闪光的通信功能。通过相机端发送的信号（光）使其他的闪光灯同步，远程使闪光灯发出闪光。这被称为“从属闪光灯”。下面这张照片就是使用这个功能拍摄的。从一定角度的高处对着拍摄对象照射闪光灯，有意营造出浓重的影子。

无线引闪中推荐使用专用的无线器材

使用无线系统时，需要探讨的课题是连接的方法。虽然有各种各样的连接方法，但是推荐的一种稳定的连接方法

无线器材和闪光灯的连接案例

日清 Air1 × 日清 Di700A

上一页的图例是使用无线器材[日清Air1]和外接闪光灯[日清Di700A]通过无线连接后拍摄的照片。无线器材的设置切换到TTL自动模式和手动闪光模式，进行闪光曝光补偿。通过这样亲和度较高的器材来进行无线引闪是比较理想的，可以让人更加集中注意力在布光上

※并且，[日清Air1]和 [日清Di700A]都有三个种类，分别适用于佳能、尼康、索尼相机（截至2016年1月）

使用无线连接的各种方法

无线引闪根据器材不同，拥有各种各样的匹配性和特征。要根据自己的摄影环境、装备等选择最佳方法。

佳能600EX-RT闪光灯和ST-E3-RT无线引闪器

通过这样的组合，在使用外接闪光灯时，可以从相机端对同样的功能进行操作和调整

奥林巴斯FL-600R闪光灯

可以通过内置闪光灯和附属闪光灯使用TTL进行无线引闪。这个机型还能与其他闪光灯（奥林巴斯之外的品牌）的光线取得同步。使用从属部件还能在闪光灯上进行自动调光

SMDV快速闪光

信号发射器装在相机端，信号接收器装在闪光灯上，从而可以进行无线引闪。使用大型闪光灯进行从属闪光时，这也是会用到的一个附件

使用无线引闪进行摄影的流程

只要能顺利连接无线器材，设置本身并不难。最好购入便于安装处理的灯脚架和伞撑。

1 立起灯脚架

使用无线引闪时，灯脚架是必要附件。这个附件在后文中谈及的大型闪光灯中也会被用到

2 装上伞撑

在灯脚架上装上伞撑。在这里是作为把闪光灯连接到灯脚架上的附件来使用的

3 安装外接闪光灯

即便不使用柔光伞，用伞撑来调整闪光灯的角度也非常便捷，要切实固定好

4 将无线器材安装到相机上

如果将闪光灯安装到灯脚架上进行布光，要把已与闪光灯连接的无线器材安装到相机上来进行摄影

5 开始摄影

上一页的图例照片就是在这样的布光条件下进行拍摄的。此处使用了光圈优先自动，在TTL自动模式下发出闪光。为了描绘出自己喜欢的画面，可逐步微调布光的位置

是使用相机制造商和闪光灯制造商的无线器材，如果是具有匹配性的机型，TLL自动模式和高速同步在无线系统中可以继续得到充分利用。它的魅力还在于可以远程操作闪光灯的设定。

最简单的方法是使用内置闪光灯。如果内置闪光灯自带无线功能，通过对应的闪光灯可以进行无线引闪。也可以继续使用光敏闪灯引发器，将信号发射器安装在相机的热靴上，将信号接收器安装在闪光灯上，从而进行无线引闪。其中，光敏闪灯引发器可以通过内置闪光灯和其他外接闪光灯的闪光来进行无线引闪。需要事先记住的一点是，闪光灯制造商制造的外接闪光灯中，与许多机型具有较高的通用性，可以通过其他闪光灯光源进行从属闪光。这么做只能纯粹进行从属闪光，因此若想调节光量，很多时候需要使用手动模式。

→ 第2章

12

多灯无线引闪布光的方法和魅力

使用无线系统时，可以组合多个闪光灯进行布光。本节以双灯布光为例探寻一下效果。

使用两个闪光灯进行拍摄（对辅助光进行+2EV闪光曝光补偿）

通过双灯布光增加光质的变化

左边的图例中，一个闪光灯作为主光源从靠近正面的左斜上方位置进行照射，一个闪光灯作为辅助光从正上方照射。为了营造出具有明亮氛围的最终画面效果，增强了辅助光的闪光。通过两个闪光灯的作用既可使阴影柔和，也能呈现出拍摄主体的立体感。增加类似的闪光灯数量，可以进一步拓宽画面的表现。

拍摄参数

- 佳能EOS 5D Mark Ⅲ
- 佳能EF 85mm f/1.2L Ⅱ USM
- 手动曝光（f/2.8、1/125秒）
- ISO 200 ● 5300K ● 85mm
- 一个闪光灯从左斜方照射，无TTL闪光曝光补偿/一个闪光灯从正上方照射，TTL闪光曝光补偿+2EV

辅助光源位于相机背后，从高处照射拍摄对象的全部。侧面的一个闪光灯从相机前端处发出较硬的闪光

确定主光源后，使用辅助光补充光线

使用无线引闪的多灯闪光使多种多样的画面表现成为可能。单灯闪光时画面显得非常深邃，虽然只使用一个闪光灯也可以尝试各种各样的布光，但是由于表现内容不同，有时无法仅使用一个闪光灯来表现。通过增加闪光灯，可以创作出具有更好纵深感的画面。

进行多灯闪光时，建议先从两个闪光灯开始。此时要先确定主光源，然后加上辅助光（副光）。另外，也有的场景下需要使用两个闪光灯进行闪光取得光线平衡，一般是在要营造出较大的面光源时也使用这种方法。

调整光量最简单的做法是如这次的人像摄影一样，使用TTL自动模式来控制两个闪光灯。但要具体情况具体处理，在TTL模式无法正确发挥功用时，或者想要增加闪光灯数量从而固定光量时，就要切换到合适的手动闪光模式。

各个闪光灯的效果差异

图例 A 使用的是稍硬的光。图例 B 是从稍微偏远处发出闪光，因此是略带柔软感觉的光源。上一页的图例中将这两个闪光灯组合使用，营造出质感。从下图中也可以看出在阴影的浓度上存在较大差异。

A：仅用一个闪光灯从左斜方照射进行拍摄　B：仅用一个闪光灯从正上方照射进行拍摄

通过辅助光的强弱调节整体光线平衡

下面的图例是没有补充辅助光而直接拍摄的。影子的浓度和质感、整体的明亮度等，在最终效果上都会发生较大变化。使用多灯拍摄时，确定主光源的布光方法和光量后，调整辅助光的强弱，一边观察平衡感，一边调节整体布光，保证摄影顺畅进行。

使用两个闪光灯进行拍摄（无闪光曝光补偿）

要兼顾影子的出现方式来确定布光

确定布光的时候，也要考虑背后出现的影子。下面的图例中，闪光灯从左右同一位置照射拍摄对象，带来的效果就是出现在模特背后的影子。与左侧的影子相比，右侧的影子比较淡薄，由此可见右侧照射的闪光灯的光量较强。

两个闪光灯从左右照射进行拍摄

拍摄参数

- 佳能EOS 5D Mark Ⅲ
- 佳能EF 85mm f/1.2L Ⅱ USM
- 手动曝光（f/2.8、1/125秒）
- ISO 200 ● 5300K
- 左侧一个85mm的闪光灯，无TTL闪光曝光补偿 / 右侧一个闪光灯，TTL闪光曝光补偿＋0.5EV

知识点

无线引闪中使用的三种通信方式

无线引闪在通信方式上也可以分为不同种类，常用的是以下三种。

电波通信方式

总的来说，稳定的闪光灯光源是具有魅力的。因为是电波，因此即便有障碍物也可以不受影响地发出闪光。可以通信的距离也较远，因此在远程无线引闪的场景中非常便捷。还可以使用TTL自动模式和高速同步模式。

之前介绍过的[佳能ST-E3-RT无线引闪器]（右）和[日清 Air1]（左）等也是电波通信方式。这种无线引闪方式不受环境左右，可以尽情享受摄趣

红外线通信方式

这种方式在明亮的白天和有障碍物的场景中，有时候无法顺畅进行闪光。将闪光灯的红外线信号接收部位准确对准相机也成了非常重要的要素。可以通信的距离比电波通信方式要近。

[佳能ST-E2无线引闪器]采用红外线通信方式，虽然外形与[佳能ST-E3-RT无线引闪器]相似，但是要注意它们的通信方式不同

闪光灯同步方式

可以与其他闪光灯光源取得同步，使闪光灯实现从属闪光。闪光都是手动闪光。操作手法与红外线通信方式一样，因此比较难以应对明亮的白天和障碍物等场景。

这是[ETSUMI光敏闪灯引发器]。这虽然是无法对应无线引闪的闪光灯，但是装上这个附件后，可以对外部的闪光灯光线做出反应，从而轻松地从远程进行闪光

→ 第2章

13

外接闪光灯中使用的附件——柔光伞和柔光箱

使用闪光灯进行拍摄时，最常用的附件是柔光伞和柔光箱，利用它们可以营造出柔光。

柔光伞和柔光箱在画面表现上的差异

比较下面三张图例照片，可以明显看出各自使用的附件的特征。在此尤其要多关注人物背后的影子。直接照射的闪光灯的光质是最硬的，人物背后的影子也非常清晰。最柔和的是柔光箱，明暗对比度较低，背后的影子轮廓也虚化得较大。

直接照射（无附件）

此处使用的柔光箱的尺寸是60cm×90cm。通过在外接闪光灯下也可以使用的专用调速环装上两个闪光灯来进行闪光。柔光箱的特征是光质非常柔和。柔光箱尺寸越大，越能营造出柔和的质感

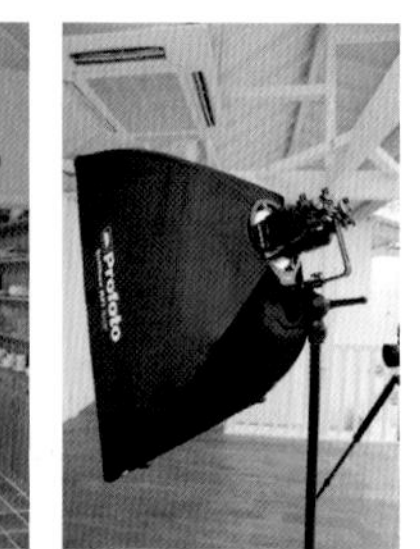

此处使用的柔光伞是直径为85cm的小尺寸柔光伞。经常使用柔光伞的重要原因还在于它的收纳和组装都比较简单。虽然被称为伞，其实是摄影专用的器材，不能作为伞来使用

使用柔光伞进行拍摄

使用柔光箱进行拍摄

可以用柔光照射大范围的万能器材

在使用闪光灯的摄影中，柔光伞是使用频度最高的附件。闪光灯朝向柔光伞内侧发出闪光，利用反射回来的柔光进行拍摄。这种反射后变得柔和的光线被称为“跳闪光”。

柔光伞的特征在于可以用柔光照射大范围。如果是拍摄人物群体写真和全身照，柔光伞是非常重要的宝贝，它可以营造出均匀的亮度。在拍摄简单的小物件和食物时，它也是非常便捷的附件。

使用柔光伞时需要抽出伞柄。伞柄插入深处的话，会使闪光灯的发光部位靠近柔光伞内侧，导致光质变硬。反之，让闪光灯的发光部位离开柔光伞的内侧远一点，光质会变得柔和。关于这一点，要在每次拍摄中确认彼此的位置，然后组合使用。由于尺寸和内侧材质的差异，柔光伞有许多不同种类，这点将在第3章第7节中详细说明。

抽出柔光伞的伞柄，调整光质

并不是单纯把伞柄插进去就可以了。跳闪面和闪光部位之间的距离会带来光质硬度的变化。下面的图例照片没有改变灯脚架的位置，只调整了伞柄的插入方式。闪光灯靠近柔光伞拍摄的图例中，给人较硬的感觉。两张照片中人物背后影子的呈现方式也很不同。如果想使用柔光拍摄，就不要收缩伞柄，但是如果闪光灯与伞的距离相隔较远，会使光量变弱。

没有收缩伞柄进行拍摄

把伞柄收缩到底端进行拍摄

柔光箱的形状

柔光箱通常由内外两层柔光板组成。如果想用柔光箱营造出硬光质，可以试着取下内侧的柔光板。组合使用的基本做法是把外侧的柔光板做出一个往里凹陷的弧度，这样比较容易控制光线。只有在想要尽可能照射大范围的时候，可以不用做出凹陷的弧度，直接用平面的柔光板就可以了。

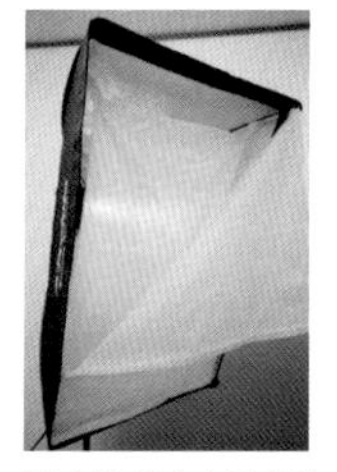

柔光箱基本上是由这样的两层组成的

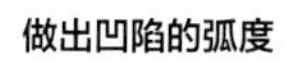

做出凹陷的弧度

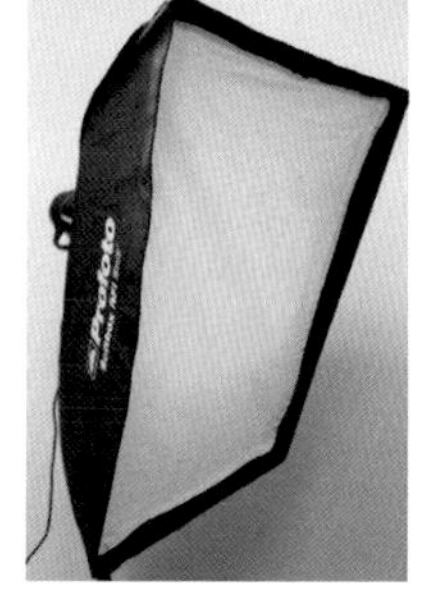

取消弧度

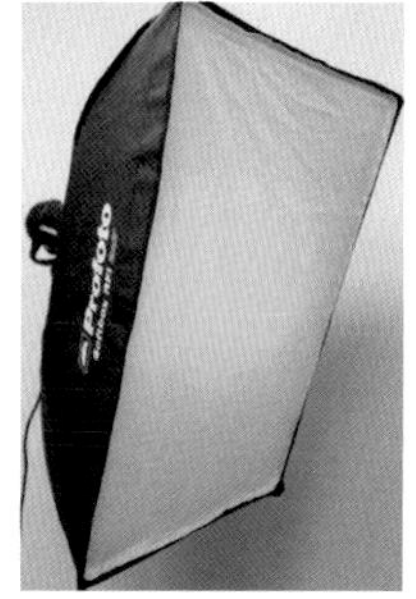

取消弧度时，光线很容易扩散。这样做会失去聚光性，因此日常使用时推荐做出弧度来进行照射

柔光箱中也有小型规格的

与柔光伞不同，柔光箱有很多大小规格的形状，在外接闪光灯上使用时，需要有相应的专用安装工具。如果想要更轻松地营造出柔光，也可以使用易于组装的小型规格柔光箱。虽然因为受其尺寸影响，光质会变硬，但是携带方便，非常便捷。而且因为尺寸小，也可以作为辅助光使用。

此处使用的是ROGUE生产的柔光箱。根据用途需要，可以一边改变柔光箱的形状，一边进行拍摄

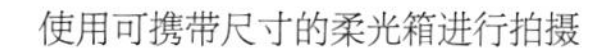

使用可携带尺寸的柔光箱进行拍摄

这些附件的魅力在于顺滑柔和的光质，并将人的皮肤拍出美感

能营造出比柔光伞更柔和的光质进行摄影的附件就是柔光箱。它是使用穿透柔光板的柔光进行拍摄。这样穿透后变得柔和的光线被称为“漫反射光”。使用柔光箱时，通常都会装有两层柔光板。

无论如何柔光箱最大的魅力在于柔和顺滑的光质。在肖像摄影中希望将肌肤拍出美感，柔光箱用起来非常简便。如果是大尺寸的柔光箱，人物眼中的眼神光也会映入大四角形，形成重点。此外，柔光箱的特征还在于它是照射范围比较狭窄的面光源。从这个意义上来说，人像摄影中，它比较适合拍摄胸部以上的人像，物体摄影中，比较适合想要把一部分拍得较明亮的场景。柔光箱也有不同的尺寸和形状，分为不同种类，这点将在第3章第9节中详细说明。

→ 第2章

14

天花板跳闪、墙面跳闪的效果和注意事项

充分利用天花板和墙面营造出跳闪光，是在利用外接闪光灯拍摄中利用率较高的布光技法。

使用天花板跳闪进行拍摄

使用天花板跳闪，把人物拍摄出平面质感

天花板跳闪是从上往下照射光线，因此影子会落在下面。这种布光的魅力在于可以描绘出阴影比较少的画面，但是因为光线从上往下照射的，所以很难有直接光环绕在脸部周围。如果在意光量，可以使用另一个闪光灯照射脸部，或者在人物下面加入反光板，从而补充光线。

拍摄参数

- 佳能EOS 5D Mark Ⅲ
- 佳能EF 24-70mm f/2.8L Ⅱ USM
- 手动曝光（f/4.5、1/60秒）
- ISO 400 ● AWB ● 40mm
- 左右都使用TTL闪光曝光补偿+0.5EV

闪光灯从下往天花板的转角处照射。把两个闪光灯左右对称放置，使光线环绕整个拍摄对象

最大魅力在于可以轻松营造出柔光

如名字所表达的一样，天花板跳闪就是把闪光灯朝向天花板发出闪光，使用从天花板反射回来的跳闪光进行摄影的技法。墙面跳闪也是如名字一样，使用从侧墙面上跳闪回来的大面积面光源进行拍摄。

因为是使用从上方落下的柔和光质进行摄影，所以天花板跳闪的特征是可以描绘出阴影较少的平坦画面。如果想要一边呈现出阴影一边营造出柔和质感，使用墙面跳闪很有效果，可以通过阴影把拍摄对象拍摄出立体感。

上面的图例中，使用了两个外接闪光灯，通过无线引闪营造出天花板跳闪，这种跳闪光很多时候都是在外接闪光灯中使用。如果是人像摄影，也可以使用内置反光板，在眼中加入眼神光。拍摄时使用TTL自动模式即可。但是，在天花板跳闪时，天花板越高，越需要大光量。要一边灵活进行闪光曝光补偿，一边使用理想的曝光进行拍摄。

天花板跳闪中的组合方式也非常重要

天花板跳闪并不是只把闪光灯朝向天花板就可以了。右面的图例是把两个闪光灯靠近拍摄对象拍摄的。由于光线是从角度极小的上部照射，因此拍摄对象的阴影出现在下部，比较浓重。天花板跳闪中非常重要的一点在于，要多留意与拍摄对象之间的距离。

挪近闪光灯，使用天花板跳闪进行拍摄

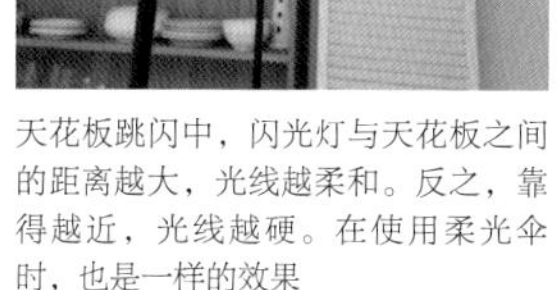

天花板跳闪中，闪光灯与天花板之间的距离越大，光线越柔和。反之，靠得越近，光线越硬。在使用柔光伞时，也是一样的效果

墙面跳闪可以充分利用阴影，拍摄出立体感

下面的图例，是使一个外接闪光灯从白色反光板上反射回来，模拟墙面跳闪进行拍摄。最终呈现的效果非常柔和，在右侧加入阴影，画面看起来比较有情感。即便是附近没有合适的墙面，也可以使用这样的反光板等来实现墙面跳闪。

使用墙面（反光板）跳闪进行拍摄

在左侧加入一个闪光灯。此时比较推荐让闪光灯离反光板远一点，这样可以使用柔光照射较广范围。如果想要拍摄全身的话，使用再稍微大一点的反光板，在上下并列两个闪光灯，这样可以让光线顺畅地流动环绕

拍摄参数

- 佳能EOS 5D Mark Ⅲ
- 佳能EF 24-70mm f/2.8L Ⅱ USM
- 手动曝光（f/4.5、1/60秒）
- ISO 400 ● AWB ● 40mm
- 无TTL闪光曝光补偿

要多注意带有色彩的墙面

要是跳闪的墙面带有色彩，色温就会发生变化，有时就是利用这种效果进行拍摄。下面的图例使用左侧的墙面跳闪，但是把木茶色的木板也组合放置在左侧，闪光灯朝着木板照射光线，琥珀色的色调让人感受到肌肤的温暖感。

使用墙面（茶色）跳闪进行拍摄

拍摄参数

- 佳能EOS 5D Mark Ⅲ
- 佳能EF 24-70mm f/2.8L Ⅱ USM
- 手动曝光（f/4.5、1/60秒）
- ISO 400 ● 5300K ● 50mm
- 无TTL闪光曝光补偿

墙面跳闪中，要多加注意墙面的颜色，其特征还在于便于应用在各种场景中

使用天花板跳闪和墙面跳闪时，需要注意跳闪的墙面颜色。铁则是墙面要是白色的。如果墙面是黑色的，光线不会流动环绕，带颜色的墙壁也会把其特定的颜色反映到拍摄对象上。除了有特殊意图想要改变颜色之外，要好好利用白色墙面进行跳闪。

如果没有天花板和墙面，就无法使用这种天花板跳闪和墙面跳闪，但是可以营造出相似的效果。如果是营造天花板跳闪，可以使用柔光伞，如果是营造墙面跳闪，可以使用反光板，等等。在摄影棚中，有时也可以用跳闪板的反射营造出柔光，这也是墙面跳闪的一种。这种跳闪光的魅力在于，可以在各种各样场景中轻松营造出来。如果好好应用，可以在各式场景中充分利用其效果。另外，这种光源不仅能当作主光源使用，也常被作为辅助光使用。配合主光源，来补充整体的光量。

→专题

1

可与外接闪光灯同时使用的便捷附件

使用外接闪光灯时，除了本章中谈及的附件以外，还有许多各式各样可使用的附件。在此介绍几款器材。

一边确认操作性，一边试着选择器材

外接闪光灯的周边附件非常充足。在进行无线引闪时必不可少的是改变光质的附件，可以拓宽画面表现的范围。伞撑的利用频率比较高，但它必须与快速独脚架组合才能应用在摄影中，还要参考安装上闪光灯时的操作性来选择。安装闪光灯的灯脚架重量轻体积小，使用便捷，但要综合考虑其稳定性。另外，彩色滤色片（凝胶）和无线器材也是具有高通用性的便捷附件，大多数都列在选择清单中。要根据自己的器材特性，多进行有效的尝试应用。

曼富图
闪光灯云台

可以安装外接闪光灯和柔光伞的多用途云台。与灯脚架的安装也非常简单。它形状独特，因此具有优良的操作性，值得推荐

曼富图
纳米柱4段可调灯脚架

拉伸后高195cm，最低高49cm，是一个五节的灯脚架。重量很轻，尺寸便于使用。立柱可以单独取下来，作为手持的伸缩杆使用

Imagevision
ROGUE FlashBender2系列柔光箱

它不仅是柔光箱，还可以卷成筒状营造出点光源，把柔光板片取下来可以作为跳闪板使用，有许多不同用途。它设计有带扣，安装拆卸也非常简单。作为品牌的一个系列，有各种各样的尺寸

Imagevision
ROGUE蜂巢罩闪光灯

三层组（16°、25°、45°）组成的蜂巢罩。在使用外接闪光灯时可以轻松营造出点光源。重量只有100克，非常轻便小巧

Imagevision
仙人掌柔光箱CB-60W

这是一个外接闪光灯专用且便于携带的柔光箱，其特征是通过闪光部位固定闪光灯。尺寸为60cm×60cm，可折叠，轻巧，便于携带

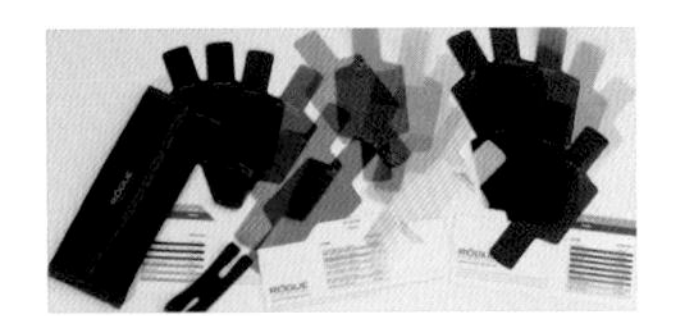

Imagevision
ROGUE普遍适用滤色片套装

这是可以直接安装在外接闪光灯的闪光部位来使用的彩色滤色片。尺寸为76mm×63mm，因此可以覆盖闪光灯的闪光部位。颜色有20种，附带收纳袋。也有蜂巢罩专用的滤色片套装

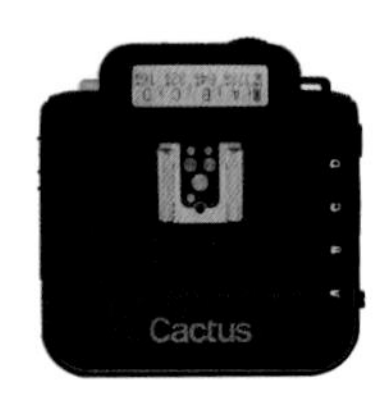

Imagevision
仙人掌V6

这是进行无线引闪时使用的无线收发器，为电波式。其可针对各制造商生产的30多种外接闪光灯的输出等级，通过1/10EV、1/3EV、1/2EV、1EV等进行控制调节

→ 第3章

3

大型闪光灯的使用方法和附件

虽然统称为大型闪光灯，但其实有很多种类。本章主要结合布光的具体流程，介绍使用一体闪光灯和大型闪光灯的基本操作方法，还将介绍柔光伞和柔光箱等各式周边附件的使用效果。

→ 第3章

01

大型照明器材的种类和特征

与外接闪光灯不同，大型照明器材根据用途不同，可以区分为很多不同种类。

闪光灯光源

发电机类型

这是闪光头和电源分开的闪光灯器材，被称为发电机。一个电源可以对应安装多个闪光灯头，是摄影棚中的标准照明器材。图中所示是保富图公司的“保富图 Pro-8a Air 2400Ws”和“保富图 Pro闪光灯头”

一体式类型

这是闪光灯头和电源为一体式的闪光灯器材。光量虽然比发电机类型的要小，但是它可以小范围而细致地调节光量，在拍摄物体时非常便捷。收纳安装也很方便，可以广泛应对外拍和摄影棚拍摄。图中所示是保富图公司的“保富图D1 500 Air”

蓄电池类型

通过事先充电，可以不用电源、不插电进行拍摄。在室外使用的情况下，有的还可以使用TTL功能。图中所示从左往右分别是保富图公司的“保富图 Pro-B4 1000Air”“保富图 B1 500 AirTTL”“保富图 B2 250 AirTTL”

闪光灯以外的光源(恒定光)

HMI

这是金属卤化物水银灯，可以营造出接近于太阳光的光质。恒定光的魅力在于通过眼睛易于确认布光情况。外形上，根据制造商不同，从发电机类型到一体式类型，样式繁多。图中所示是保富图公司的“保富图ProDaylight 400 Air闪光灯头”和“ProBallast 400W”

根据摄影风格，使用最适合的器材

大型照明器材的特征是光量较大，并且有不同的规格可以应对各种摄影环境。比如，闪光灯类型的闪光速度和充电很快。同时，可利用的附件也很丰富。如同绘画需要选择画笔，根据想要创作的照片内容，通过各式附件一边改变光质一边进行拍摄。

但是，虽然被称为大型照明器材，其内容却涉及多个方面。如闪光灯光源，可以分为发电机类型和一体式类型。发电机类型的特征在于电源和闪光部位是分开的。若是高规格种类的器材，最大输出功率可以超过2000Ws。由于其尺寸较大，重量也较重，因此很多时候主要是在需要追求大光量的摄影棚中使用。

与之相对，一体式类型的特征在于电源部位和闪光部位是一体的。大都便于携带，最大输出功率为200Ws~1000Ws。从室外摄影到摄影棚摄影，这个闪光灯可以广泛应对各种场

闪光灯与HMI的光质比较

两次拍摄都设定为光圈f/5、1/125秒、ISO 100，并调节光量到标准曝光。闪光灯不需要安装附件，光线可以直接照射在拍摄对象上。两者相比，可以看出HMI也是非常强烈的硬光质。并且，HMI更接近于人眼所见。摄影方法上，HMI使用光圈优先自动模式进行拍摄。光源不同，摄影风格本身也会发生变化

闪光灯（保富图 D1 500 Air）

HMI（保富图 ProDaylight 400 Air闪光灯头 + ProBallast 400W）

知识点

这是保富图 D1 500 Air的闪光部位。可以把玻璃取下进行确认，中心的灯管是造型灯，环绕周围的是闪光电子管

闪光灯的维护

一旦大型闪光灯内部的闪光电子管发生劣化，就无法稳定照射出相同光量的光线，色温和演色性也会出现偏差。如果介意这一点，可以拜托制造商检查，或者多考虑闪光电子管的寿命。闪光电子管是可以更换的。造型灯也有寿命，如果到期了也可以更换。

景，得到充分利用。在第5章第6节中将介绍如何使用一体式闪光灯进行布光。

蓄电池类型适合室外摄影，恒定光类型还适合动画摄影

在大型照明器材中，蓄电池类型也列在选择名单中。蓄电池类型不需要电源线，因此在公园、海边等室外拍摄时是非常重要的附件。蓄电池类型有发电机和一体式两种。

同时，大型照明器材中也有恒定光，还有荧光灯和钨丝灯等光源，但更值得推荐的是HMI。大多数HMI的输出功率为200Ws~1000Ws，可以通过太阳光一样的光质，以接近于闪光灯的质感进行拍摄。它们在动画摄影中也是非常重要的附件。

→ 第3章

02

一体式闪光灯的各部件名称和处理方法

本节以一体闪光灯保富图 D1 500 Air 为例，详细说明其功能和处理方法。

一体闪光灯保富图 D1 500 Air的各部件名称

一体闪光灯的操作菜单都集中在其灯头部分。重要特征是操作简便。

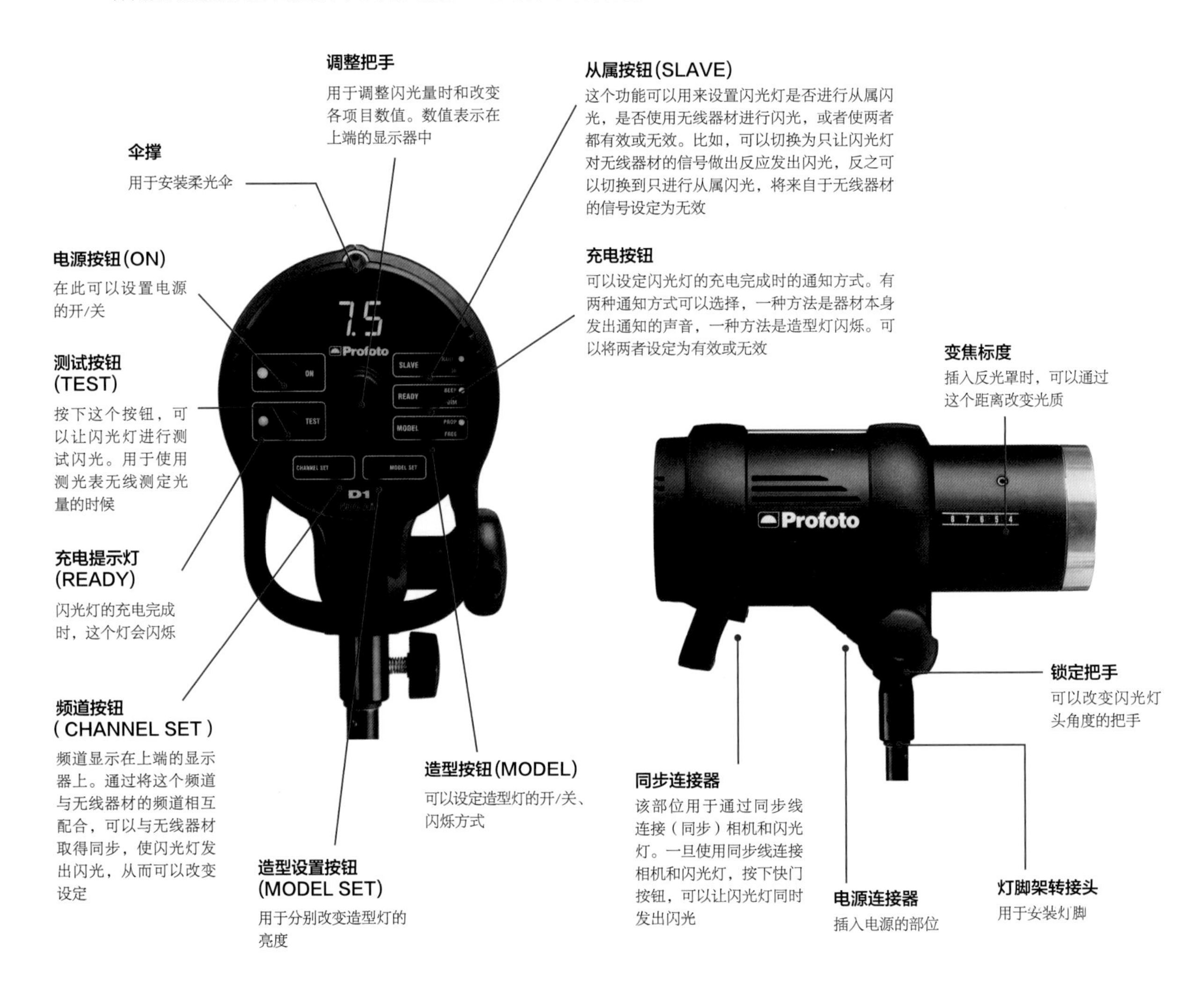

要切实掌握常用的功能

不管是发电机类型还是一体式类型，闪光灯的本质功能并没有太大差异。即便是不同的制造商生产的产品也是如此。虽然操作上多少有点差异，但从主要功能来看各个闪光灯都是共通的。只要记住了最基本的使用方法，就算使用不同器材，也不会有困难。

首先，操作闪光灯时最常用的部位是光量的调整把手，它用于调整闪光灯的闪光量。光量的大小用数值显示在调整把手上端的显示器上。保富图D1 500 Air的最大输出功率（500Ws）用数值10表示，最小输出功率（7.8Ws）用数值4表示。数值可用每挡0.1进行逐步调整。也就是说，在4～10以0.1为一挡，可以自由调整闪光量。另外，从属按钮、造型灯按钮、充电按钮等的使用频率也较高。

无线器材（保富图Air Remote）的各部件名称

由于制造商不同，无线器材的样式也不同。选购时，要好好确认其与已有的闪光灯和相机之间的匹配性。在此以保富图公司的［保富图 Air Remote］为例，作功能说明。

模式按钮(MODE)
可以切换信号发射端（TRANSMIT）和信号接收端（RECEIVE）。通常设定为[TRANSMIT]。当闪光灯无法对应无线引闪时，使用[RECEIVE]来接收来自器材的信号

频道按钮（CHANNEL）
使用该按钮可以匹配闪光灯的相同频道

造型按钮（MODEL）
控制闪光灯的造型灯的开/关

闪光灯头按钮（HEAD）
控制闪光灯电源的开/关

IN插孔、OUT插孔
用于通过专用线缆将相机和闪光灯连接到无线器材上

主按钮（MASTER）
用该按钮可以选择A到F的所有组别

电源按钮
该按钮用于控制无线器材本身的电源开/关

测试按钮(TEST)
可以让闪光灯发出试闪光

能量按钮（ENERGY）
可以调整闪光灯的光量

组别按钮（GROUP）
用数值表示的频道还可以用英文字母区分组别，该按钮用于区分这些组别

与无线器材的连接方法

配合闪光灯的频道
通过频道按钮和调整把手来确定器材的频道。转动调整把手可以改变数值，可以一边转动一边改变英文字母。此处设定为[1A]

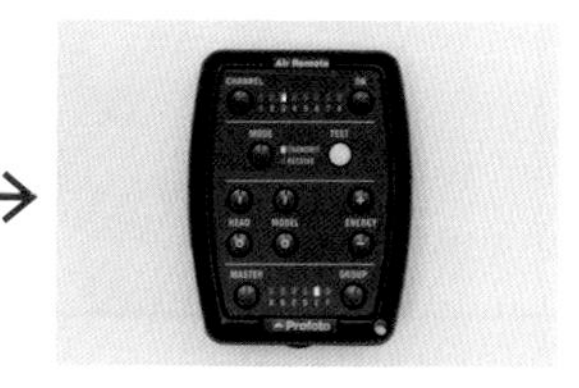

插入无线器材的电源
插入电源，确认模式为[TRANSMIT]

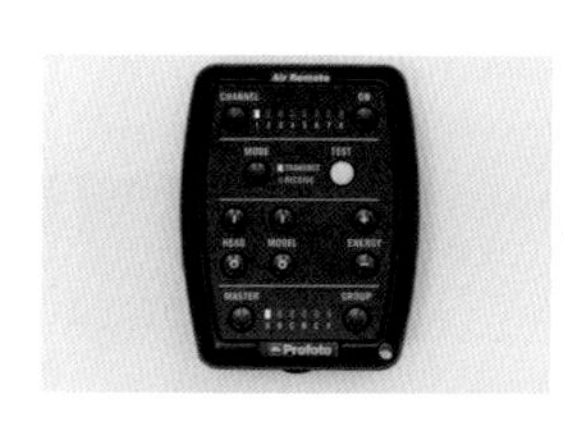

配合无线器材的频道
将频道按钮和组别按钮设定为[1A]。匹配好后，试着按一下测试按钮，如果闪光灯能发出闪光就没有问题

安装到热靴上
之后将器材安装到相机的热靴上，就可以与闪光灯产生同步进行拍摄

知识点

造型灯的效果

造型灯是指闪光灯器材中可以闪亮的恒定光，用于对准焦点和确认光线的照射方式。尤其是在摄影棚等场景中，把环境变暗进行拍摄时，可以有效发挥造型灯的作用。

在室外摄影时很难确认其效果，但是在如图所示的物体拍摄中造型灯非常有效

知识点

常见的定位销。使用定位销后，可以将器材安装到本身不具匹配性的灯脚架上

与灯脚架之间没有匹配性时，可以使用定位销

灯脚架并非适用于任何一个闪光灯。如果插入口的形状不同，有的器材就无法安装。这种情况下可以使用定位销，插入定位销，将闪光灯插入灯脚架。购买灯脚架的时候，要好好确认插口的形状。

配合闪光灯便捷使用的无线器材

闪光灯有两种闪光方法，一种是将专用的同步线缆连接到相机上进行闪光，另一种是与外接闪光灯一样，使用无线器材进行发光。将一个从属外接闪光灯安装到相机的热靴上（或者使用内置闪光灯），也能进行从属闪光，但是使用专用的同步线缆和无线器材能让闪光灯更稳定地闪光。

尤其是使用无线器材进行闪光的时候，不单可以发出闪光，还可以远程调整光量，切换电源和造型灯等，非常方便。比如，在伸手很难够到的位置上，即便已经组合设定好了一体闪光灯，通过无线器材也可以远程调整光量。其极大的优点还在于，因为是无线控制，所以可以不受限于同步线缆的长度，灵活进行拍摄。使用大型闪光灯时，要充分、灵活地运用无线器材。

→ 第3章

03 测光表的作用和使用方法

如果使用大型照明器材，测光表是一定要有效应用的附件。本节以世光公司的 L-478D 测光表为例来介绍它的操作方法。

测光表（L-478D）的各部件名称

在此主要以任意一个测光表都自带的项目为中心，来解说各个功能的作用。

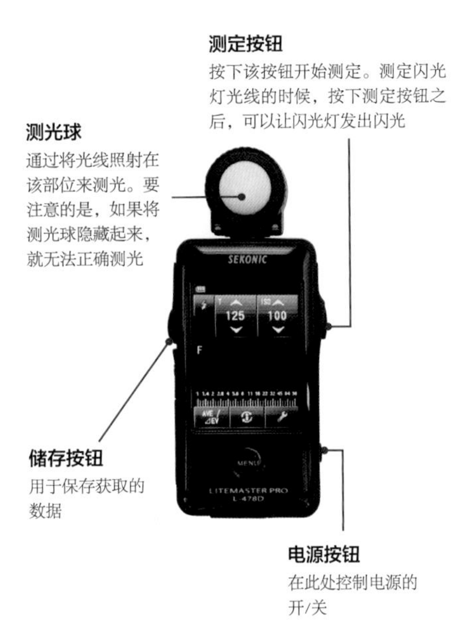

测光球
通过将光线照射在该部位来测光。要注意的是，如果将测光球隐藏起来，就无法正确测光

测定按钮
按下该按钮开始测定。测定闪光灯光线的时候，按下测定按钮之后，可以让闪光灯发出闪光

储存按钮
用于保存获取的数据

电源按钮
在此处控制电源的开/关

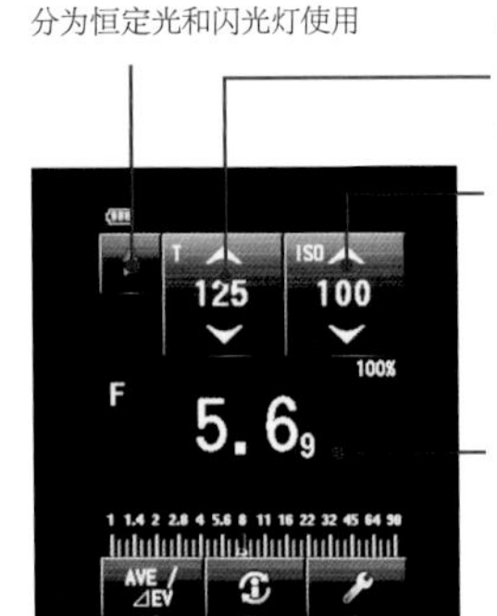

测定模式
可以选择测定的方式。主要分为恒定光和闪光灯使用

快门速度
可以设定快门速度。这里表示1/125秒

ISO感光度
可以设定ISO感光度

光圈值
测定时的数值显示在此处。本机型中，可以改变快门速度和ISO感光度的测定设置，因此如果切换到其他测定模式，显示在此处的各个相关的项目也会发生改变。同时，显示的每个挡位为0.1。比如，在测定光圈值的设定中，如果显示为[f/5.63]，就意味着光圈比f/5.6要小1/3挡左右

平均值（AVE）
该功能可以从记忆卡的数值中测算出平均曝光值。在巨大明暗差的场景中用起来非常便捷

测定模式的内容
☼为测定恒定光，ϟ为测定闪光灯光线。☼可以切换为测定快门速度和ISO感光度的模式。这样根据不同用途，测光表可以选择各种测定方法

测光球有两种组合方式

测光球可以向下按压。一般情况下，测光球保持在凸起状态，有时根据拍摄对象和用途，会将其切换到凹陷状态。

测光球凸起状态
用于为人物、建筑物等立体的拍摄对象测光。一般情况下都预设为这种状态

测光球凹陷状态
为书籍、绘画等平面拍摄对象测光的时候，和希望单独测定各个闪光灯的光量时，将测光球设为这种状态

影棚摄影中必需的附件，从三个项目中推算出曝光值

测光表是为得到正确的拍摄对象曝光值而使用的摄影附件。多数大型闪光灯无法对应TTL功能。摄影者需要配合打算使用的相机端的设定，自己调节光量。在摄影棚中，很多时候不仅使用相机闪光灯光源，还会启用多灯布光进行拍摄。通过使用测光表，可以将曝光数值化，从而切实把握每一个闪光灯的光量平衡，让摄影顺利进行。

测光表可以这样组合操作：先设定好光圈值、快门速度、ISO值中的任意两项，再来测定余下的一项。如果不使用自然光而纯粹使用闪光灯光源进行拍摄，一般流程是事先设定快门速度（1/125秒~1/160秒）、ISO值（ISO 100~ISO 200的低感光度），再来测定光圈值（f值）。使用恒定光的场景下（见下页），如同要配合绘画内容一般，要选择合适的项目。

恒定光下测光表的使用方法

这里介绍在使用钨丝灯的恒定光下如何使用测光表。下页将介绍使用闪光灯时如何操作测光表。

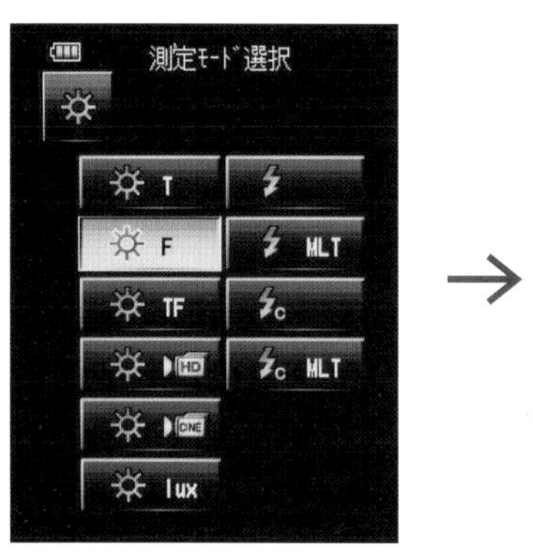

打开测光表的电源，将测定模式设定为恒定光模式

由于是在钨丝灯下进行拍摄，因此要将测定模式设定为恒定光模式。在此希望加大光圈营造出柔和的质感，以及使用低ISO感光度拍摄出高画质，因此设定为测定快门速度

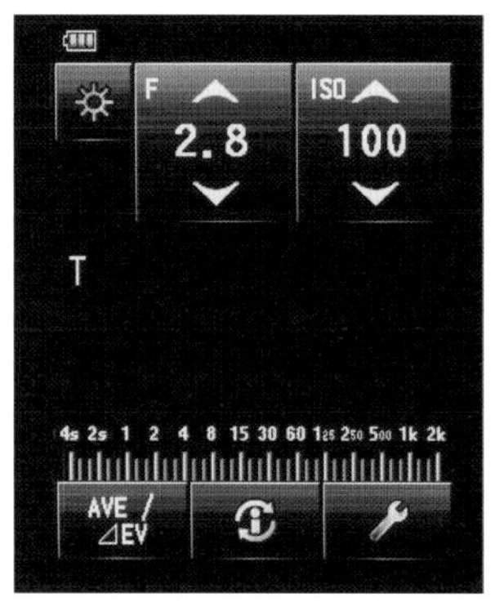

确定光圈和ISO值

在此处输入实际摄影中打算使用的数值。设定光圈为f/2.8，ISO感光度为100

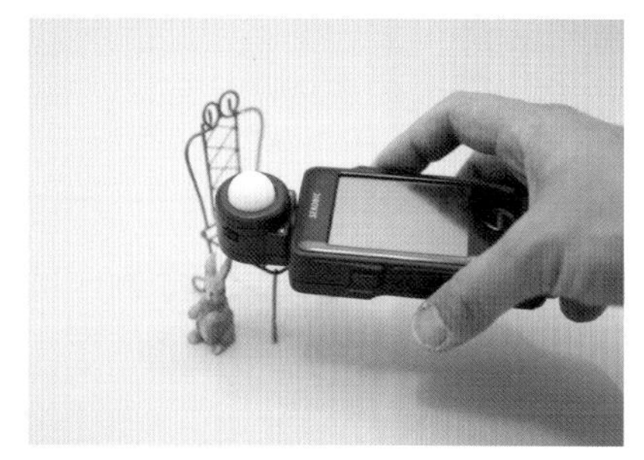

进行测定

面向布光完成的拍摄对象，像拍照一样把测光球朝向光源，按下测定按钮

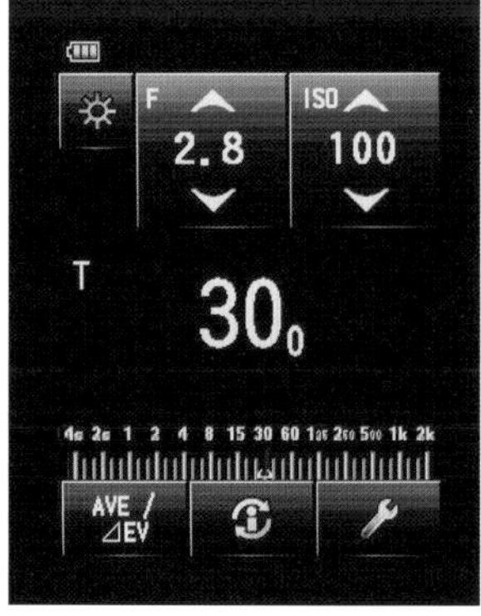

确认测定值

观察测定值，此时的快门速度为1/30秒。也就是说，如果设定为f/2.8、1/30秒、ISO100，意味着可以在标准曝光下拍摄拍摄对象

使相机的设定配合测定值，进行拍摄

采用f/2.8、1/30秒、ISO100拍摄，即在适当的标准曝光值下进行拍摄

知识点

使用测光表的时候，应先理解入射光式和反射光式的差异

此前介绍的方法都是将测光球朝向光源来测定光量，这被称为入射光式。由于是测定照射拍摄对象的光源本身，因此可以稳定地进行测光。反之，测定拍摄对象反射光线的方式叫作反射光式。对相机测光无疑是运用这种方式。反射光式可以从远距离测定拍摄对象，但是另一方面，很容易受到拍摄对象亮度和颜色的影响。拍摄极其明亮的拍摄对象和昏暗的拍摄对象时，会导致曝光不准，画面模糊。目前，在使用闪光拍摄时，一般用入射光式测光表进行测定。

世光公司制造的DigitalMaster L-758D测光表，是可以对应入射光式和反射光式的高规格器材

使用反射光式测光表进行测定的时候，如图所示，一般是从取景器中对准想要测定的焦点，从而测定曝光值

入射光式的图解

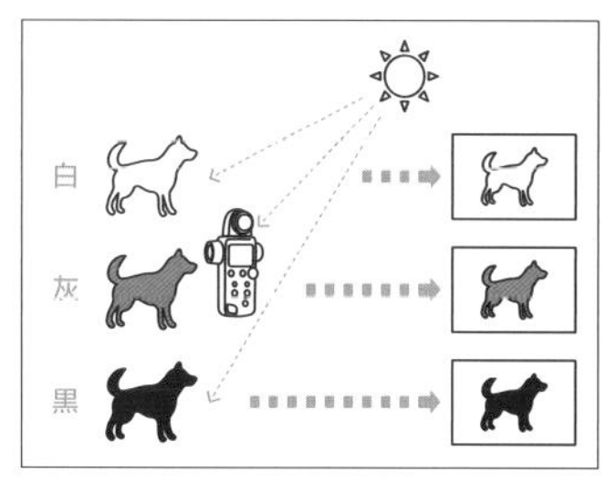

由于是通过直接照射的光源进行测定，因此其魅力在于可以推算出正确的曝光值。但是，必须在拍摄对象所处位置进行测定

反射光式的图解

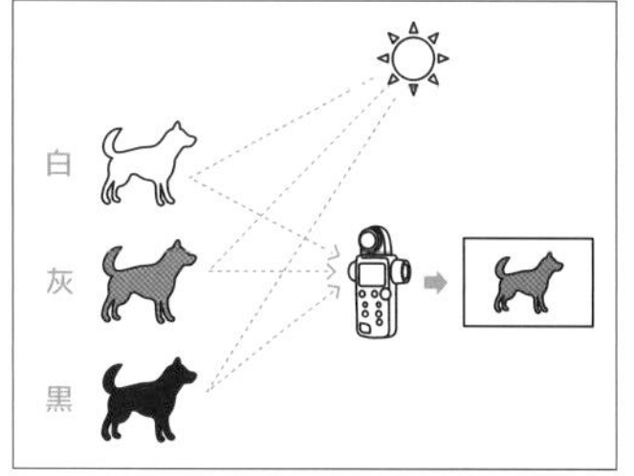

通过拍摄对象所反射之光线进行测定，从较远位置上也可以测定，但是根据拍摄对象的明暗差异，可能会测出不正确的曝光值

→ 第3章

04

（一体式）大型闪光灯的使用设置（一）

根据前面介绍的内容，本节来看看一体闪光灯从设置到摄影的一系列流程。

使用一个闪光灯的摄影流程

1 将闪光灯安装在灯脚架上

打开灯脚架，固定好闪光灯头。如果是不具备匹配性的灯脚架，可以使用定位销。插入电源线后就完成了这一步

要切实拧好螺丝

螺丝太松的话，会导致意想不到的失误，布光也会发生改变。即便只是临时固定，也要好好固定

对

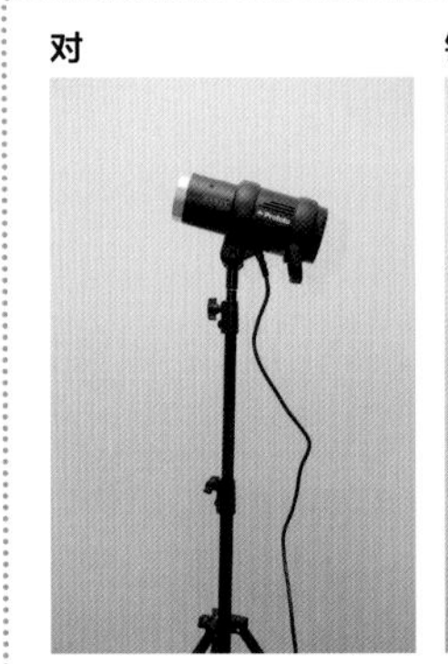

错

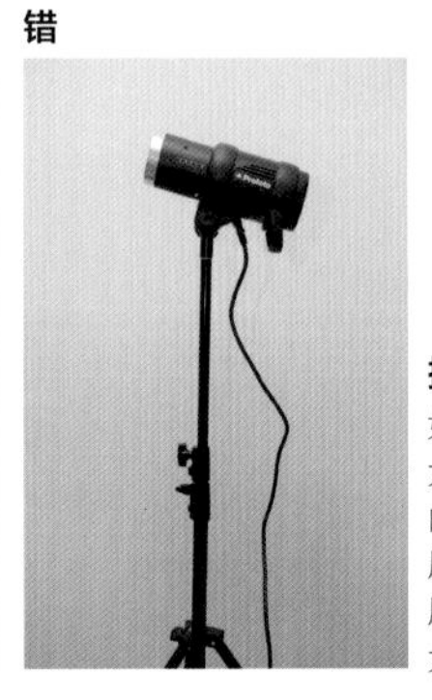

把灯脚架从下往上提

如果是有一定重量的大型闪光灯，灯脚架的稳定性非常重要。灯脚架上端比较细。将灯脚架从下往上提，以最大限度确保稳定性

2 布光

根据表现意图进行布光。关于这一点，将在第4章的实践篇中详细说明

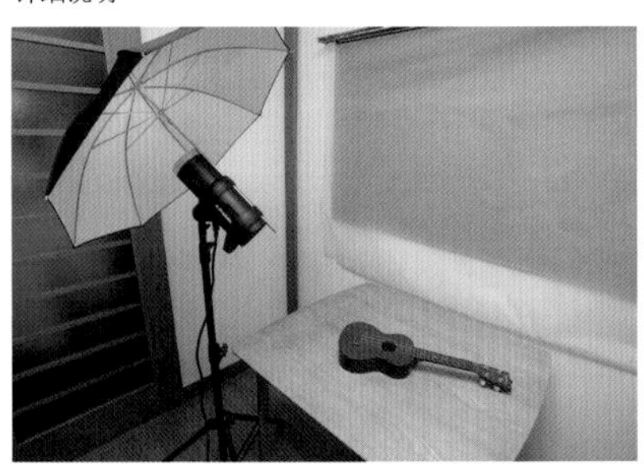

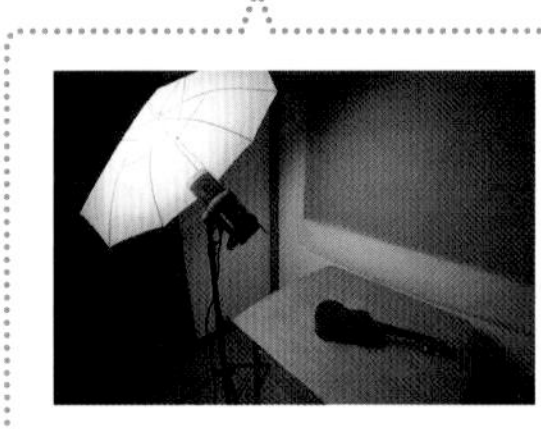

使用造型灯确认照射内容

如果是光线昏暗的场景，要灵活使用造型灯进行布光

3 配合设置好测光表

切换到可以测定瞬间光的模式，设定好快门速度和ISO感光度。这里设定为1/125秒、ISO 100

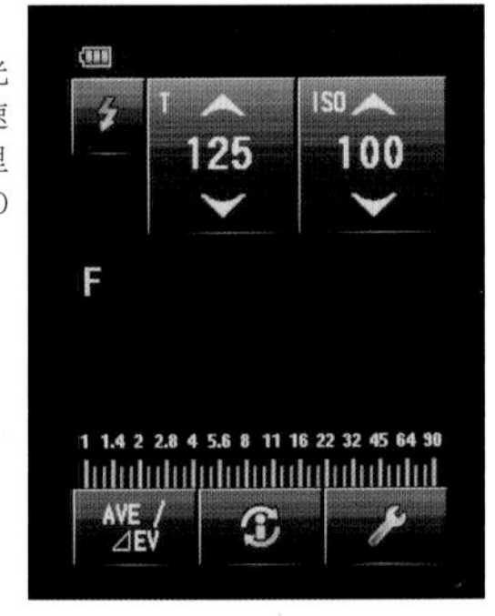

经过多次测试摸索来进行布光和调整光量

关于器材的配套设置，要多加注意，小心进行各项操作。即便是便携的一体式闪光灯也不如外接闪光灯轻巧。由于闪光灯具有一定重量，要确保器材组装后的稳定性。

配套设置完成后，使用测光表测定光圈的数值。如果仅用相机闪光灯的光源进行拍摄，如前所述，快门速度的数值几乎不会对画面表现产生影响。在不超过同步速度的范围内，将其配合设定在1/125秒～1/160秒。ISO感光度的理想设定是ISO 100～ISO 200。大型闪光灯可以自由调整光量，摄影时一般会使用低感光度来获得高画质。

确定好布光和光量之后，在相机端通过手动模式设定好测光表测出的数值，再进行试拍。灵活运用的话，可以通过微调再次进行拍摄。反复操作就可以找到理想的布光。在正式拍摄之前，可以通过比色图表获得颜色的信息，这样在后

4 测试曝光

按下测光表的测光按钮，之后进行闪光灯的试闪光就可以测定需要的光量。试闪光有两种方法，一种方法是从无线机器来操作，另一种方法是直接按下闪光灯的试闪光按钮

错

需要注意的是，不要让自己的身体挡住受光球

否则，会导致无法测定正确的曝光。测定时，要在当下再次确认光线的照射方向，使光线切实照射到受光球上

7 通过比色图表来获取客观的色彩搭配

在正式进行拍摄前，先使用比色图表来把握色彩吧。关于相机端的色温设定，也可以通过使用色温表的方法。关于这一点，将在P58进行讲解

5 调整光量

测定光量后，测光表会显示出“F4”。也就是说，如果使用F4来拍摄，会是标准曝光，但是此处是为了拍摄时能够更好地对焦，可以将光量增强到F11

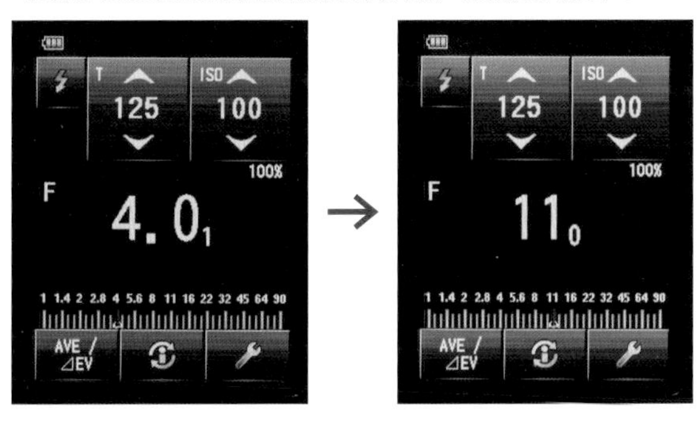

8 开始摄影

一边进行多次测试，一边开始正式的拍摄。这样才可以在适当的曝光下进行摄影。拍摄时，使用能够连接相机和计算机的联机摄影功能将十分便捷。在构图等方面，也能够照顾到画面的细微部分

f/11、1/125秒、ISO 100

6 安装无线器材，进行测试摄影

调整好光量后就可以进行拍摄了。没有无线器材时，可使用专用的同步数据。拍摄时，通过手动模式调整到测光表测定的数值。可以通过测试拍摄来确认是否能呈现出如预计般的布光效果。如果有的画面部分需要进行修正，可以微调闪光灯

期进行图像编辑时，比较容易做好配色。建议事先将白平衡固定在5300K~5500K。为了重现太阳光的色调，闪光灯可设置在色温5500K左右进行闪光。

使用与计算机的连接功能，可以进行更有效的摄影

在物体摄影和影棚摄影中，建议通过专用软件连接计算机和相机，这被称为“联机拍摄”。一边从监视器中确认图像，一边进行拍摄，可以轻松进行图像编辑。另外的优点是可以与同场人员分享拍摄的图像。这在室外摄影时也非常方便，但在移动较少的影棚等室内摄影中，更能够充分灵活地运用这个功能。联机拍摄使用的软件中，除了相机制造商提供的软件之外，Adobe Photoshop Lightroom和Capture One等也是被普遍应用的软件。

→ 第3章

05 (一体式)大型闪光灯的使用设置(二)

结合此前介绍的流程，本书将重点关注闪光灯的输出功率范围和曝光之间的关系上，深化关于曝光处理方式的知识。

通过光圈值改变曝光

使用闪光灯进行拍摄时，如果想微调曝光值，先要试着改变光圈值，输出功率与光圈值的变化之间会产生联动。下面的图例相当于把输出功率设定为2倍和1/2倍。

偏暗，f/16、1/125秒、ISO 100

标准曝光，f/11、1/125秒、ISO 100

偏亮，f/8、1/125秒、ISO 100

通过输出功率改变曝光

如果想要改变景深，可以通过改变输出功率来调整曝光。将输出功率设定为2倍的图例，其效果与+1EV补偿相同。

输出功率 1/64

标准曝光，f/4、1/125秒、ISO 100

输出功率 1/32

偏亮，f/4、1/125秒、ISO 100

500Ws闪光灯的输出功率和光圈值变化的示例

500Ws闪光灯进行全闪光，光圈值为f/32时的变化如表所示。可以看出，输出功率每降低一挡，光圈值也会降低一挡。而且这对任何一个闪光灯都是通用的。

全闪光	500Ws	f/32
1/2	250Ws	f/22
1/4	125Ws	f/16
1/8	62.5Ws	f/11
1/16	31Ws	f/8
1/32	15Ws	f/5.6
1/64	7.8Ws	f/4

通过输出功率和光圈值调整曝光

外接闪光灯可以通过闪光曝光补偿和手动闪光来改变曝光，大型闪光灯同样可以通过改变闪光量来轻松调整照片亮度。光量和曝光之间的关系与外接闪光灯一样。也就是说，如果想增加一个光圈的光量，就把输出功率增加1倍；反之，如果想降低一个光圈的光量，就把输出功率减少1/2。比如，第3章第4节的拍摄中，输出功率为1/8，拍摄参数为f/11、1/125秒、ISO 100，将输出功率设定为1/4后，+1EV下拍摄的照片发生曝光过度；反之，将输出功率设定为1/16后，-1EV下拍摄的照片发生曝光不足。

另一方面，在可以使用测光表测定光量平衡的场景下，通过改变光圈值可以从标准曝光开始来微调亮度。第3章第4节图例中，如果不改变快门速度和ISO感光度，仅将光圈值设定为f/10,可以在+1/3EV曝光过度的状态下进行拍摄；反之，将光圈值设定为f/13的话，可以在-1/3EV曝光不足的状

测光点的差异带来曝光的变化

在带有明暗差的布光场景下，根据测光表朝向的不同，测定值会出现较大偏差。下面的图例便是如此。虽然没有改变布光和光量，但是 4 张照片给人的印象各不相同。通过哪处的点来测定曝光，仅此一点就能决定最终画面效果。

↓

通过高光侧进行测定

在建议值［f/16（测光值f/16 0）、1/125秒、ISO 100］下进行拍摄

画面紧凑。在这样有一定明暗差的场景下，先以高光侧为基准来进行拍摄

↓

通过拍摄对象上部进行测定

在建议值［f/14（测光值f/11 8）、1/125秒、ISO 100］下进行拍摄

曝光效果为中间色调。高光侧稍微有点曝光过度，但是能拍摄出有平衡感的曝光效果

↓

通过拍摄对象正面进行测定

在建议值［f/11（测光值f/11 0）、1/125秒、ISO 100］下进行拍摄

高光部位的质感发生曝光过度，画面失去了明暗对比。因为正面是测光点，所以曝光发生了奇怪的变化

↓

通过阴影侧进行测定

在建议值［f/6.3（测光值f/5.6 3）、1/125秒、ISO 100］下进行拍摄

一旦变成这样的曝光效果，在后期也很难找回拍摄对象的质感

知识点

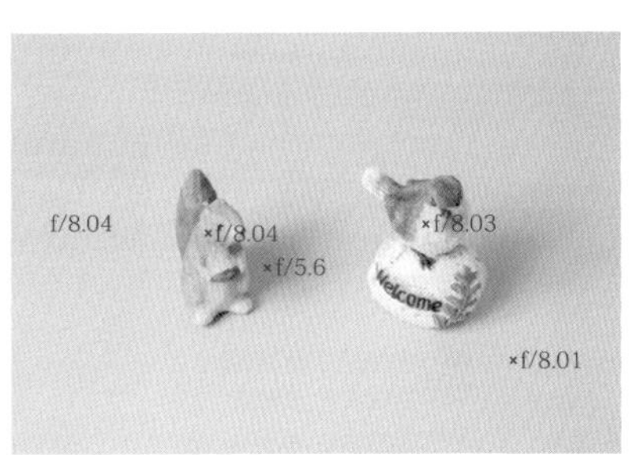

测光表在1/125秒、ISO 100下进行测定。为了拍摄出明亮的氛围，让闪光灯照射全部拍摄对象。影子部分自然是偏暗的，但是切换到右图中的测定值之后，可以看出越是逐步切换到靠右的数值，亮度变化越明显

测光表中显示的光圈值和曝光之间的关系

测光表中显示的测定值（光圈值）表示的是测光点的亮度（光度）。它意味着光圈值越大，光量越强（亮）；反之，光圈值越小，光量越少（暗）。

知识点

不使用测光表，通过感觉进行摄影的风格

使用大型闪光灯进行摄影和影棚拍摄的时候，测光表在控制光线上承担着非常重要的作用。另一方面，也可以不使用测光表来试拍，一边确认实际的拍摄方式一边调整光量。本书第 4 章和第 6 章的一部分会介绍使用自然光进行摄影，即不使用测光表，灵活运用 TTL 功能进行试拍，一边比较画面效果一边描绘画面。对重视速度的场景和想通过感觉来拍摄拍摄对象的场景，可以采用这样的摄影风格。

态下进行拍摄。测光表上显示的光圈值（此处为f/11）被称为“建议值”，实际拍摄时的光圈值（此处为f/10和f/13）被称为“拍摄值”。另外，通过改变ISO感光度也可以调整曝光，但是会影响画质，因此不推荐使用。

在有明暗差的场景下，可以进行更有效的摄影

补充说明一下曝光的测定方法。基本做法是把测光表的测光球朝向光源来进行测定，但是在有明暗差的场景下，也要测定高光侧和阴影侧的曝光。并且，拍摄时要以高光侧的曝光为参考标准。数码图像的特征是很难保留高光侧的信息。因此如果曝光效果配合阴影侧的话，根据明暗差的程度，有时会导致高光侧局部曝光过度，完全失去质感。如果出现这种情况，即便进行后期图像处理，也无法修正。充分利用明暗差来描绘画面的时候，一定要注意这个要素。

→ 第3章

06

调整白平衡的若干方法

根据附件种类的不同，闪光灯的色温有时会发生偏差。本节就来看看具体的配色方法。

使用比色图表来调整颜色

比色图表是一块并列 24 种颜色的样本板。这里拍摄了该图表，通过显像软件来进行修正。这作为调整色彩的一种途径，是最常见的手法之一。

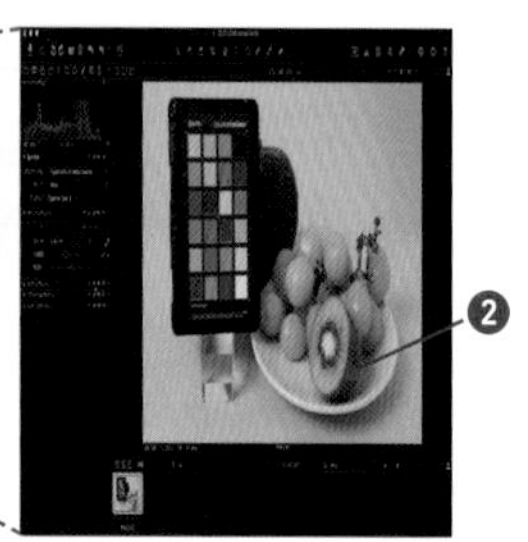

通过图像编辑软件进行修正

此处使用的显像软件是Phase One公司的Capture One。使用白平衡工具（❶），点击选取灰色部分（❷），可以自动修正色温

修正前

使用自动白平衡模式拍摄。受背景色的影响，大部分画面色调看起来呈红黄色

修正后

减弱黄色和红色，从而很好地呈现出水果的色彩。在某次修正中获得的修正值，也可以适用于其他图像。此处，在没有加入比色图表的正式图像中使用获得的修正值，达成最终效果

使用校准软件

如果想要进行更好的配色，可以使用专用的校准软件，根据每个拍摄对象的情况，进行色彩修正。图示为X-Rite公司制造的Color Checker Passport

色温设定为5500K左右，通过比色图表来调整颜色

如前所述，闪光灯是为了发出与太阳光同等色温的闪光。因此，如果将色温设定为5500K左右，白平衡（以下简称WB）不会发生较大的色彩偏差。也有的闪光灯会在规格表中指出推荐的色温，可以参考该数据设定相机端。

但是，大多数情况下，闪光灯都是安装上柔光伞和柔光箱等附件来使用的，在使用这些附件的时候，色彩搭配很容易发生偏差。典型案例就是后面将要介绍的蜂巢罩和内侧为银色的材质等情况。使用这些附件的话，画面色温会变高，容易带有绿色。

解决这种现象的工具就是比色图表。从比色图表中可以获得各种各样的颜色信息，在此使用的是灰色的信息。灰色的特征在于很容易把握照片（接P61下半页的内容）

使用色温表调整色彩

使用色温表可以细致地确认色温和白平衡补偿值等。把色温表与相机端相互配套，可以调整色调。而且，这次介绍的虽然是相机闪光灯光源的测定，但是这个附件本身也能很好地对应使用在恒定光上。

这次使用的是世光公司制造的C-700光谱仪。这个高规格附件不仅能测定色温，还能测定表示颜色重现度的演色性

1 **测定**

与测光表一样，将测光部位对准光源进行测定。测定的时候，如图所示，一般在显示器中显示色温，这里表示使用起来最合适的色温是5 600K左右

2 **在相机端设定色温**

依据色温表的显示，改变相机端的色温设定，这样就可以使用最合适的色温来进行拍摄。色温表可以轻松配合光源来测定出正确的色温，因此在需频繁更换布光器材进行拍摄等场景时，就显得极为重要

使用色温转换滤色片调整色彩

想要同时使用不同色调的光源时，有种便利的工具是色温转换滤色片。其中有蓝色、琥珀色、洋红色、绿色等修正色，也有各种各样的色彩浓度，可以根据需要修正的光源进行选择。

将琥珀色滤色片安装在聚光灯上

WB白平衡直接使用白炽灯模式，在聚光灯前面装上琥珀色系的色温转换滤色片，可以减弱聚光灯的蓝色。有了色温表，这个操作也会更便捷。以测算出的色温为参考标准，可以选出最合适的滤色片

使用5300K色温进行拍摄

以偏黄色的白炽灯为辅助光，通过闪光灯营造出照射范围较窄的聚光灯效果来照射拍摄对象。由于白炽灯的影响，最后画面中，照片周边位置呈现出偏黄色调

使用白炽灯模式进行拍摄

将WB白平衡设定为白炽灯模式，以便减弱白炽灯的黄色。这样虽然可以修正画面周围的黄色，但聚光灯效果反而会让画面变成蓝色

的色调特性。如果这个灰色表现准确，就可以消除色彩偏差。修正这种配色时使用的是RAW格式图像编辑软件。修正方法很多，但最简易的是白平衡工具。只需点击照片的灰色部分就可以自动进行色彩修正。

色温表的作用和色温转换滤色片

要获得正确的白平衡，还可以使用色温表。色温表是可以测定光源色温的器材。如果以这个色温表的测定值为参考标准，在相机端上可以设定误差更小的色温。

同时，组合不同色温的光源进行拍摄时，比较便利的工具是色温转换滤色片。比如，组合白炽灯泡与相机闪光灯光线进行拍摄时，在闪光灯前面装上琥珀色的色温转换滤色片，可以让闪光灯的色调靠近白纸的色调，通过调整选择色温，更便于进行配色。

→ 第3章

07 柔光伞的种类和效果

前面逐个介绍了大型闪光灯的处理方法，本节开始将重点关注其附件。先介绍使用频率较高的柔光伞。

柔光伞尺寸带来的画面差异

柔光伞尺寸越大，光线越容易流动环绕，给拍摄对象造成的明暗对比也会降低，不容易出现阴影，并且其高光部分也比较容易保留质感。

包括下一页的图例在内，所有照片中闪光灯都是从斜45°的位置处照射的。闪光灯的高度是210cm，背景与模特之间的距离是100cm，模特与闪光灯之间的距离是160cm（伞的顶部部分是半透明的）

直径为130cm（L）的白色柔光伞

比小尺寸的柔光伞具有更顺滑的质感，背景中的影子轮廓也得到虚化。它在想用均匀的亮度拍摄大范围场景时比较有效果。进入人物眼中的眼神光范围也比较大

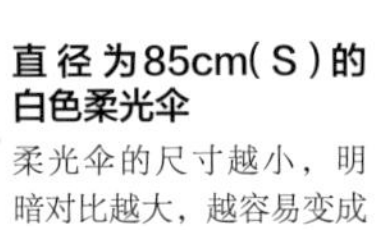

直径为85cm（S）的白色柔光伞

柔光伞的尺寸越小，明暗对比越大，越容易变成硬光质。阴影也会变得浓重，阴影的轮廓更加清晰

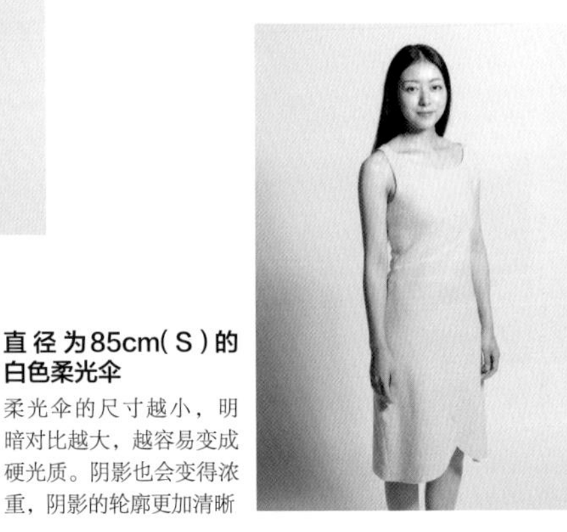

柔光伞尺寸越大，越容易营造出顺滑的质感

使用外接闪光灯和大型闪光灯进行布光时，柔光伞能发挥重要作用。可作为主光源、辅助光源使用，在拍摄各种拍摄对象和各式拍摄场景中，发挥其便捷性。如果是拍摄肖像照，这个附件在全身照和群体照时效果显著。

并且，柔光伞的种类非常丰富。尺寸方面，可选择范围很广，如第2章第13节中介绍过的直径85cm左右的柔光伞，到直径超过200cm的大尺寸柔光伞，可以根据需要从中选择。柔光伞尺寸越大，光线越容易扩散，光质越柔和。通过拔插伞柄，光质会发生变化，这种变化在大尺寸柔光伞中体现得明显。如果只是单纯想大范围照射，只用小尺寸柔光伞也足以应对，但是使用反射面本身为大尺寸的柔光伞，光线的扩散范围自然更广，因而能用更加均匀顺滑的光质照射广阔的范围。

银色柔光伞和半透明柔光伞的特征

银色柔光伞的魅力在于可使画面张弛有度，表现力强。半透明柔光伞的配套设置方法与其他两种闪光灯有所差异，需要注意。下面配合白色柔光伞，来认识一下画面表现上的差异。

直径为130cm（L）的银色柔光伞

银色柔光伞会增强画面的明暗对比，使阴影变得浓重。想要把拍摄对象拍出清晰质感的时候，用起来比较便捷。推荐用来拍摄男性。该件可以增强聚光性，使背后的光线不易流动环绕

直径为130cm（L）的半透明柔光伞

光源对准拍摄对象，使用穿透光进行拍摄。其缺点在于柔光伞整体形状向下，很难改变角度。最后呈现的光质比白色柔光伞稍硬，也可以用来代替使太阳光变柔和的柔光板

银色柔光伞的魅力在于清晰的光质，半透明柔光伞也适用于拍摄有色调的拍摄对象

由于内层材质的不同，柔光伞可以分成若干种类。除了一般使用的白色柔光伞，还有使用银色材质的银色柔光伞和形成穿透光的半透明柔光伞等。相比白色柔光伞，银色柔光伞的特征在于明暗对比更强，照射范围更窄。由于反射面强，照射出来的光量本身也会增加。即便是与白色柔光伞一样的输出功率，根据伞柄位置不同，有时通过光圈值也可以增加2挡左右的曝光。色温会稍微偏向于蓝色。另外，通过伞柄的拔插调整，会使光质发生较大的变化。因此拍摄的时候，要一边打开造型灯确认光线的照射方式，一边试着进行调整。

半透明柔光伞可以营造出类似于白色柔光伞的光质。其他两种闪光灯是通过跳闪来照射光线，而半透明柔光伞是光源朝向拍摄对象，使光线透过柔光伞进行照射。照射范围基本与白色柔光箱相同。由于会增强一定的彩色饱和度，因而比较推荐用来拍摄有色调的拍摄对象。

→ 第3章

08

柔光箱的种类和效果

与柔光伞并列，使用频率也非常高的附件是柔光箱。从尺寸上来看，柔光箱的种类很丰富。本节重点探讨它的特征。

柔光箱尺寸带来的画面差异

根据用途不同，柔光箱有各种各样的尺寸。想要生动呈现出拍摄对象本身的特质，最好使用大尺寸柔光箱。想要营造眼神光，使用小尺寸柔光箱则比较便捷。

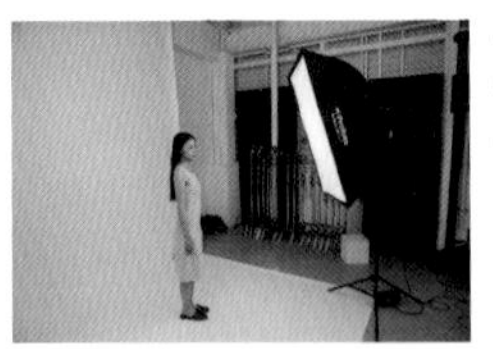

包括下一页的图例在内，拍摄的照片中闪光灯都是从斜45°的位置照射，闪光灯的高度为180cm，背景与模特的距离为100cm，模特与闪光灯的距离为160cm

90cm×120cm的柔光箱

照片中人物肌肤质感十分柔滑，背后的影子也很柔和浅淡。光线能很好地涵盖周围物体，因此如果想要把人物以及小物件、料理等小体积拍摄对象拍得柔和，覆盖范围广的面光源能充分发挥有效作用

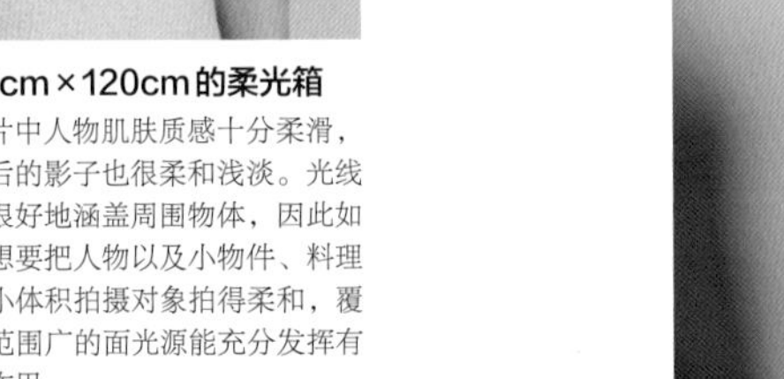

40cm×40cm的柔光箱

明暗对比相当明显，阴影比较浓厚，高光的质感也比较粗糙。这个尺寸的柔光箱最适合用来补充部分的光量，营造出眼神光

如果想充分利用光质的特征，推荐使用大尺寸柔光箱

在有限的附件中，最能营造出柔和光质的就是柔光箱。利用穿过柔光板的面光源，照射范围较窄，便于控制光线，适于拍摄人物和物体等各类拍摄对象。

柔光箱的种类区分主要在于尺寸和形状的差异。在内侧材质上，没有像柔光伞那样的差别。柔光箱尺寸越大，光质越柔和顺滑，尺寸越小，光质的明暗对比越强。

柔光箱的本身魅力就在于反差弱的光质。不管拍摄对象尺寸如何，要尽可能选择有大范围面光源的柔光箱。同时，柔光箱在从近处照射时更能发挥拍摄对象的特色。如果是过小的柔光箱，照射范围会受到限制。这也可以通过使用大尺寸柔光箱来解决。

蜂巢罩和条形柔光箱的画面表现

将蜂巢罩安装在柔光箱上，可以轻松改变光质。条形柔光箱的尺寸越大，画面中的高光越柔和。

90cm×120cm的柔光箱+蜂巢罩

照射范围较窄，在身体两侧加入柔和的阴影。背后的影子给人的感觉也非常柔和。使用蜂巢罩很容易让色温变高，画面容易偏向蓝色

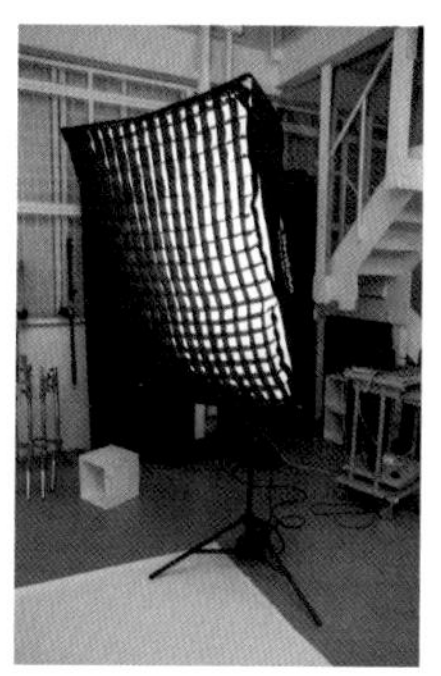

30cm×120cm的条形柔光箱

以人物上半身右侧为中心，加入高光。由于是纵长形的光源，可以在左半身加入阴影，还能在背后营造出柔和的影子。眼神光是纵长形的，给人印象深刻

更能限定照射范围的蜂巢罩和条形柔光箱

柔光箱上可以安装被称为“蜂巢罩”的格子状附件，蜂巢罩的照射范围会受到限制。总的来说，容易在拍摄对象上产生阴影，光线也难以照射到背后。由于聚光性得到增强，因此更容易控制光线，在希望部分补充光量的场景下，这也是非常便捷的附件。同时，蜂巢罩还可以增强明暗对比，在柔滑的效果中呈现出恰到好处的张弛感。使用柔光箱时，要配合表现内容，充分发挥这个附件的作用。

柔光箱的形状除了常见的长方形，还有条形。条形柔光箱很多时候用来营造辅助光，可以给拍摄对象均匀加入纵（横）长形的高光。小柔光箱也常被用来给眼中加入细长形的眼神光。

→ 第3章

09

柔光反光罩的种类和效果

柔光反光罩很多时候用于拍摄以人物为中心的照片，其可以兼具软硬两种光质。

白色柔光反光罩的画面表现力

白色柔光反光罩可以很好地呈现出高光和阴影的双重质感，因此最适合用来在明亮的氛围下拍摄女性。它和柔光伞、柔光箱一样，都是使用机会很多的附件。

包括下一页的图例在内，拍摄的照片中的闪光灯都是从斜45° 的位置照射。闪光灯的高度是180cm，背景和模特之间的距离是100cm，模特和闪光灯之间的距离是160cm

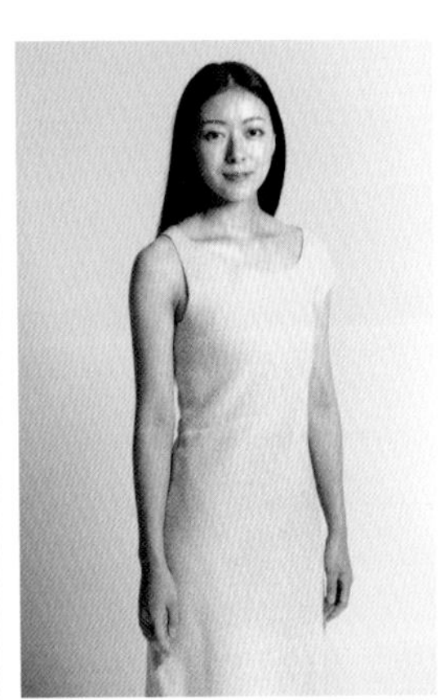

白色柔光反光罩

画面张弛有度，质感柔滑。阴影很柔和，但是相比柔光伞，影子的轮廓更清晰。光线也可以很好地环绕在背景上

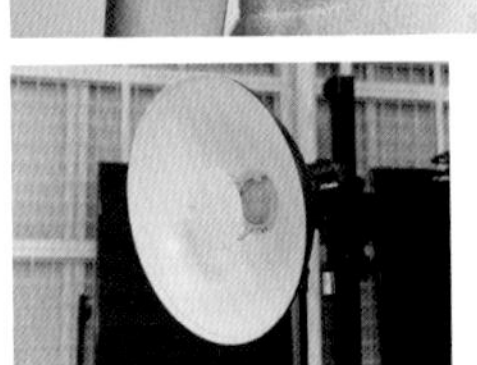

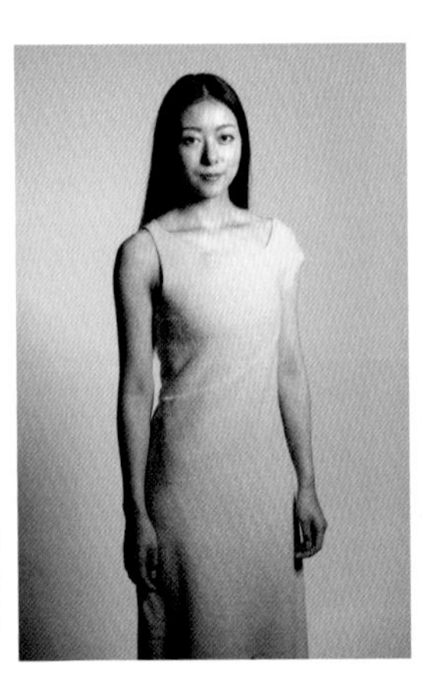

白色柔光反光罩+蜂巢罩

增强聚光性后，最终呈现的阴影更强。明暗对比也得到增强，清晰地呈现出高光。背影稍微变暗

反光罩应用在人像摄影中，可以营造出独特的光滑感

反光罩原本是可以照射出硬光的附件，但其中的柔光反光罩可以营造出柔和光质。通过碟形的反光罩，将反射板置于闪光灯的闪光部位，反光罩上反射回来的光线再在周围的反射板上发生跳闪，从而照射闪光。也被称为“雷达罩”“美人罩”等。

反光罩光质的特征在于高光不容易曝光过度，阴影很难模糊。不管是柔光伞还是柔光箱，都可以使拍摄对象显出独特的光滑感。反光罩和柔光箱一样，也是略带聚光性的光源。这个附件可以呈现出肌肤的美丽质感，常被用于以人物为中心的拍摄中。

柔光反光罩主要分为白色和银色。通用性较高的是白色。想使用柔光箱使明暗对比更柔和时，使用柔光反光罩会比较有效果。既能给画面增加张弛之感，又可以将拍摄对象拍出柔滑质感。相较于银色反光罩，白色反光罩的照射范围更广，光线易于环绕在背后。

银色柔光反光罩的画面表现力

适用于描绘出清晰有力的画面。既可以呈现出柔光反光罩特有的阴影质感，还能使画面表现更有张力。

银色柔光反光罩

比白色柔光反光罩的聚光性更强，明暗对比更大，光线也更难环绕到背后。与白色柔光反光罩+蜂巢罩相比，明暗对比更低，质感更柔滑

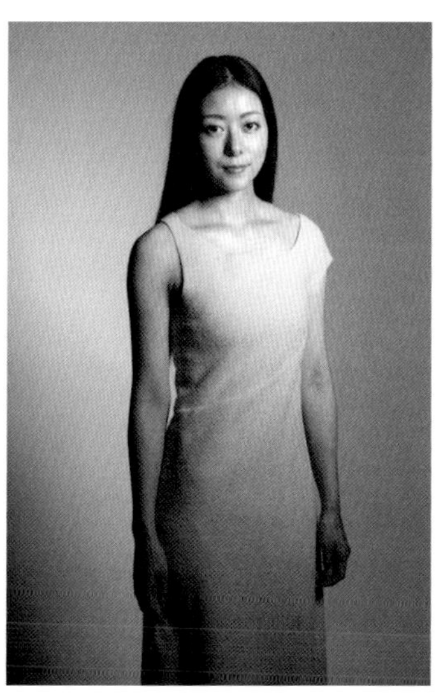

银色柔光反光罩＋蜂巢罩

4张照片中，这种组合下拍摄的照片明暗对比最大，阴影最清晰，照射范围也较窄，背景的落影范围最大，呈现出如同聚光灯的画面表现力

知识点

柔光反光罩的要点还在于稍微靠近拍摄

柔光反光罩是具有聚光性的附件，因此与柔光箱一样，靠近拍摄对象拍摄更能表现其个性特色。拍摄胸部以上的人像照片时，靠近拍摄更能呈现出柔滑的质感。

从左上方靠近拍摄

拍摄左边图例时的场景。越靠近效果越明显，还能映入较大的眼神光

银色柔光反光罩能营造出清晰的质感，可通过蜂巢罩来调整效果程度

想要描绘出更有张弛感的画面，银色柔光反光罩更能发挥效果。聚光性比白色柔光反光罩要强，因此配合照射角度更容易加入阴影，明暗对比度也更高。希望呈现出清晰有力的氛围和拍摄男性照片的时候，可以尝试使用这个附件。

同时，柔光反光罩上也可以安装蜂巢罩。蜂巢罩的效果与装在柔光箱上的时候相同——可以增强聚光性，提高明暗对比度。也就是说，在白色和银色柔光反光罩上使用或不使用蜂巢罩，可以尝试拍摄出4种不同的画面效果。通过安装蜂巢罩，进行更有表现力的布光，可以让高光和阴影更加紧凑。另外，和其他附件一样，银色柔光反光罩和蜂巢罩会稍微增强画面的蓝色。

→ 第3章

10

硬光反光罩和聚光灯的种类和效果

相关附件中，多数都可以营造出硬光质。本节一起来看一下聚光灯的效果，以及具体的画面表现力。

硬光反光罩的画面表现力

光源简洁有力是硬光反光罩的魅力，通过改变照射角度和进深的形状，光线的扩散方式和光质会发生各种各样的变化。从有限的附件中找到自己喜欢的反光罩也让人乐在其中。

包括下一页的图例在内，拍摄的照片中闪光灯都是从斜45°的位置照射。闪光灯的高度是180cm，背景和模特之间的距离是80cm，模特和闪光灯之间的距离是180cm

硬光反光罩

最终效果如同日光照射，阴影比较浓厚有力。强力反光罩的构造可以增加光线的强度。在需要较大输出功率的场景下，这是一个能发挥有效作用的附件

广焦反光罩

这个附件不仅能保留硬光质，还能均匀进行大范围照射。相比强力反光罩，光线更能环绕拍摄对象四周。根据这样的光线扩散方式，硬光反光罩有各种种类

硬光反光罩＋蜂巢罩

硬光反光罩上也可以安装蜂巢罩。不仅可以作为主光源，想要部分加入硬光的时候，也能发挥效果

配合反光罩的形状，改变光线的硬度和扩散方式

之前介绍了使用跳闪光和穿透光让光质变柔和的附件，但是另一方面，有的器材也可以聚光，在拍摄对象上直射硬光，那就是硬光反光罩。其光质如同被太阳光照射一般，因此可以通过张弛有力的质感表现出拍摄对象的力度。

硬光反光罩主要根据光线的扩散方式来区分种类。除了可以扩散标准光的反光罩，还有可以大范围均匀照射硬光的广焦类、可以让光线照射远处的长焦类、可以营造出具有聚光性的极硬光的窄光罩，等等，种类繁多。上面介绍的强力反光罩虽然是标准的照射范围，但是由于银色内层材质的影响，光圈越小，光量越大。广焦反光罩可以大范围均匀地照射光线。不管哪一类，都可以安装蜂巢罩，从而可以进一步调整照射范围和明暗对比。

聚光灯的画面表现力

进行布光的时候，聚光灯是影响画面表现力的重要光源。由于其照射范围较窄，使用时确认照射位置，是非常重要的。

20°

10°

5°

蜂巢罩灯

蜂巢罩的度数越小，格子越细，照射范围越窄。蜂巢罩的优点在于可以通过度数来调整照射范围，从而让聚光灯轻松照射在瞄准的焦点上

长嘴灯罩

长嘴灯罩是前端收缩成筒状的反光罩。相比蜂巢罩，可以照射出更具光滑质感的光线。有时也可以自己用黑色绘图纸卷成筒状来制作

蜂巢罩(5°)

长嘴灯罩

如图所示，蜂巢罩呈现出的分界线更加自然；长嘴灯罩呈现的轮廓比较清晰

使用蜂巢罩和长嘴灯罩营造出聚光灯光源

聚光灯是可以充分利用在各式场景中的光源。常被作为强光灯使用，用于给拍摄对象的某一部分加入高光，给背景增加细微的差别。有时也作为主光源使用。

这个光源可以通过各种各样的附件表现出来，最容易的附件是蜂巢罩和长嘴灯罩。这里提到的蜂巢罩是指可以直接安装在闪光灯（或标准反光罩）上的类型，可以通过其格子的粗细来改变点光源的范围。长嘴灯罩从窄闪光口照射出光线，可以营造出聚光灯光源。

蜂巢罩和长嘴灯罩的画面差异首先表现在影子的出现方式上。蜂巢罩可以模糊掉光线照射部分与未照射部分的分界线；而长嘴灯罩的构造则可以很容易地表现出这个分界线。同时，相比长嘴灯罩，蜂巢罩更易于增强画面的明暗对比。

→ 第3章

11

各式各样的柔光板材质及其效果

布光中，可以使用各种各样形状的柔光板，本节就来看一下通用性较强的 4 种。

不同材质的效果差异

通过人物和静物来确认一下这 4 种材质的效果差异。将关注重点放在使用柔光板后浓重阴影消失的情况和明暗对比的出现方式。

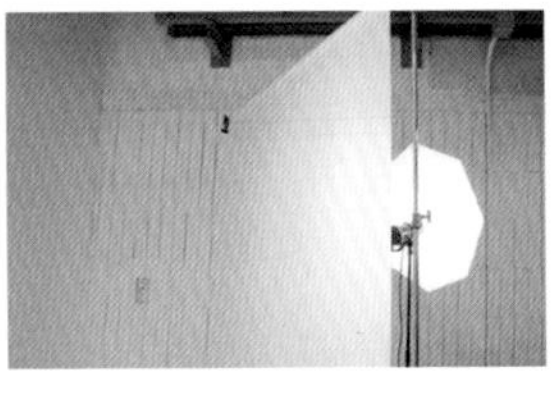

柔光伞＋透写纸

这是使用机会较高的柔光板素材。光线质感比直接照射在柔光伞上要柔和，能保留恰到好处的明暗对比

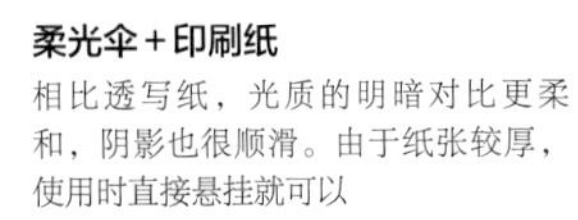

柔光伞＋印刷纸

相比透写纸，光质的明暗对比更柔和，阴影也很顺滑。由于纸张较厚，使用时直接悬挂就可以

充分理解和利用各种材质的特性，灵活描绘画面

不仅可以通过附件来控制闪光灯的光质，还可以通过组合各种柔光板对其进行更加细致的控制。其中使用最多的柔光板是透写纸。闪光灯的光线透过透写纸后能呈现出柔和质感。透写纸常与柔光伞等组合使用，使跳闪光和穿透光都能呈现出光滑的光质。

画面表现更柔和的柔光板是印刷纸，它是半透明的聚酯软片，比透写纸要厚。印刷纸可以营造出非常顺滑的光质感，因此在物体拍摄中是非常重要的附件。除此之外，斜幕和乳白色半透明亚克力也是非常便捷的柔光板。斜幕是可透光的白色幕布，大尺寸的斜幕悬挂在多个闪光灯前面，用来营造出大范围的面光源。乳白色半透明亚克力在拍摄物体时尤其便捷，既不会让高光曝光过度，也不会使阴影模糊，可以在画面表现中切实呈现出质感。

柔光伞+斜幕

将斜幕安装在柔光伞上使用。通过斜幕可以营造出大范围的面光源，被称为前斜幕、侧斜幕等

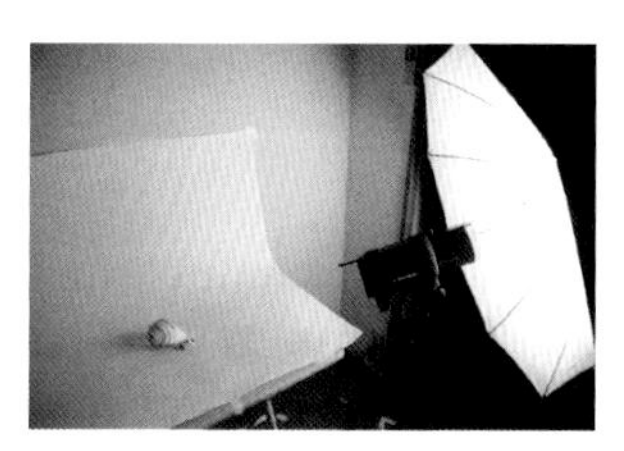

静物写真闪光灯都是从斜45° 的位置照射。拍摄对象与闪光灯之间的距离是50cm。上面的图例拍摄时只使用了柔光伞（直径85cm）。下面的图例拍摄时都是使用了其他附件与柔光伞的组合

人物摄影都是闪光灯从斜45° 的位置照射。闪光灯的高度是180cm，背景与模特之间的距离是80cm，模特与闪光灯之间的距离是180cm。左边的图例只使用了柔光伞（直径105cm）。下面的图例都是使用了其他附件与柔光伞的组合

柔光伞+乳白色半透明亚克力

最终的画面效果非常顺滑，明暗对比小，阴影非常柔和。这种组合也多用于想要将高光描绘得顺滑的场景

使用这些柔光板时需要注意闪光灯的光量。光线越扩散光量越弱，因此缩小光圈进行拍摄时，就需要较大的光量。比如组合使用柔光伞和透写纸，可以在布光中使跳闪光透过透写纸，营造出柔光。因为需要较大的光量，如果需要补充，可以通过增加闪光灯数量来解决。

知识点

常在摄影棚中使用的柔光伞透写纸

在前面的图例中，透写纸使用时是放置在柔光伞的前面，这种直接安装在柔光伞前面的使用方式是比较常见的，被称为柔光伞透写纸。在摄影棚中，可以让工作人员营造出来。在第 5 章的拍摄中，在柔光伞上安装了专用的柔光板。

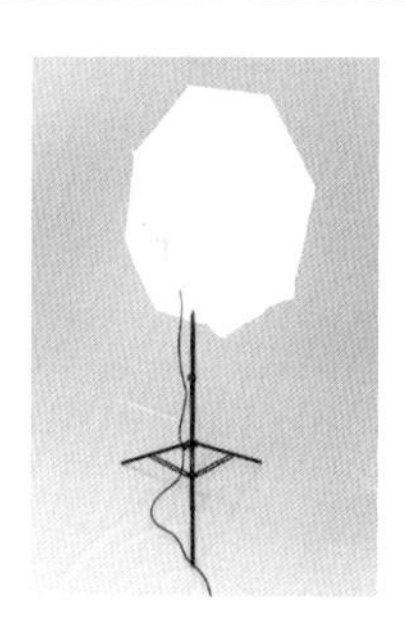

上图所示为具有代表性的柔光伞透写纸，是将透写纸覆盖在柔光伞上。缺点是要创造这种拍摄条件比较麻烦

→ 专题

2 选择闪光灯的要点

要根据自己的摄影风格选择最合适的闪光灯，无论是外接闪光灯还是大型闪光灯。还要事先归纳总结需要提前确认的项目。

配合自己的摄影风格冷静做出选择

与相机一样，闪光灯配合摄影风格也被分为许多种类。高规格闪光灯可以拓宽表现幅度，重要的是冷静选择符合自己需要的闪光灯。另外，事实上，根据使用的闪光灯器材，照片表现力会发生显著变化。如果进行闪光，肯定需要拿些什么来配合闪光灯一起使用。为了提高画面的表现力，跟选择相机和镜头一样，也要慎重选择闪光灯器材。闪光灯是摄影时的重要伙伴。

使用大型闪光灯时，也要重点关注能使用的布光附件种类。使用的附件越多，越能尝试挑战各种布光方式，从而能自由营造出硬光和柔光。

选择闪光灯的要点

最大输出功率&最小输出功率	要综合确认闪光灯能增加的光量强弱。输出幅度越大，越能对应各种各样的拍摄场景。同时，也要事先确认能以怎样的挡别来调整光量。这也是决定画面表现范围的重要因素
闪光速度	在室外，一边与当时的光量取得同步，一边拍摄远处的动态拍摄对象的时候，闪光速度快一点比较好。由于闪光速度会随闪光量发生变化，因此要好好确认这一点。反之，也有的机型可以放慢闪光速度
充电时间	指一次闪光后到下一次闪光之间所花费的时间。这也是非常重要的因素。充电快的闪光灯更能让人轻松进行拍摄。充电时间随闪光量发生变化，因此要事先确认其范围。使用外接闪光灯的时候，通过使用外部电源，可以加快充电时间
有无风扇	这是选择大型闪光灯时需要确认的事项。大型闪光灯内部很容易发热，如果内部装有风扇，启动时间会增加
无线同步系统的样式	要事先确认闪光灯与无线器材之间的匹配性和能使用的功能。大型闪光灯中，也有的机型可以对应使用TTL功能
设计、重量、尺寸	外观也是非常重要的因素。使用外接闪光灯和一体闪光灯的时候，要确认携带时的重量和尺寸
价格	毋庸置疑，闪光灯规格越高，价格越贵，要根据摄影风格，冷静思考是否确实是自己需要的规格，之后再行购入。闪光灯器材越便宜，信赖度越低。但是，仅仅依据价格来挑选闪光灯也是不可取的

在拍摄肖像照时，充电时间是重要因素。一旦充电过慢，就会明显打乱拍摄节奏

→ 第 4 章

4

实践篇
外景拍摄肖像时的闪光灯布光

外景拍摄时的闪光灯布光中的要点在于如何在画面表现中达到自然光的效果。本章通过在自然光下的室内与室外，分 10 个场景来介绍闪光灯的布光技法。通过使用闪光灯，可以挑战各种各样的画面表现。

· 本章中主要使用的外接闪光灯是日清 Di700A，最大闪光灯指数是 54（相当于照射角 200mm、ISO 100 的时候）。

· 本章中主要使用的蓄电池式发电机闪光灯是保富图 B2 250 AirTTL，最大输出功率为 250Ws。

· 拍摄参数中的焦点距离为以 35mm 换算。

01 运用天花板跳闪营造出自然而明亮的氛围

天花板跳闪可以轻松营造出柔和质感。这里将介绍在发挥自然光效果的同时进行补光的拍摄方法。

从人物左手前方加入天花板跳闪的闪光灯光线，可以稍微补充模特的偏暗光量。闪光是手动模式。寻找恰到好处的光量，以便在毫无违和感的自然氛围下将画面拍亮

拍摄参数

- 佳能EOS 5D Mark Ⅲ
- 佳能EF 85mm f/1.2L Ⅱ USM
- 手动曝光(f/2.8、1/80秒)
- ISO 400 ● 5350K ● 85mm

闪光灯的配置和技巧

通过无线引闪器让外接闪光灯从人物左手前方朝向天花板发出闪光。闪光灯a朝向模特，放置在侧横方，使身体左右出现色调渐变，从而可以描绘出立体的画面效果。下面放置的反光板可以同时反射从窗户进入的自然光和跳闪光，承担着提亮模特整体亮度的作用

a：日清Di700A
手动闪光1/8

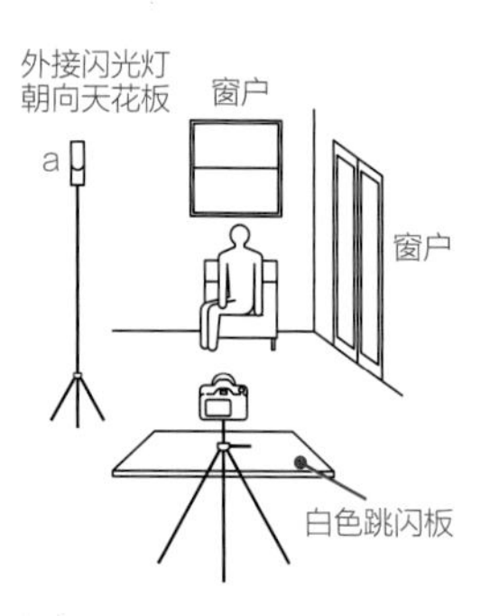

灵活调整自然光和闪光灯光线

这个拍摄场景原本的环境中，墙壁和天花板是白色的，光线很容易流转。通过在下面加入反光板，可以充分发挥天花板跳闪的效果。天花板跳闪可以微调闪光量，所以与模特之间的距离和角度也是重要因素。距离越近，光质越硬，角度的变化会影响高光的呈现方式。这些是个人爱好问题，可以一边摄影，一边寻找理想的配置。这次拍摄中，将焦点放在光线不易环绕的模特左侧，从而确定闪光灯的配置。

同时，这个场景中，模特的背后和右侧有窗户，也就是说，要选择便于处理自然光的环境来进行拍摄。室外是多云天气，室内偏暗，因此通过提高ISO值，充分利用跳闪光，可以在具有透明感的明亮氛围中进行拍摄。这里没有加入室内灯。由于室内灯的影响而导致色温出现明显差异的时候，要充分发挥色温转换滤色片的作用。另一方面，一旦不使用自然光而是强化闪光灯光线，照射光线的部分和不照射光线的部分总是会存在曝光差。在只使用闪光灯光线的画面表现中，发挥阴影效果描绘画面就成了重点。

要点 1

通过闪光曝光补偿，天花板跳闪的光线与自然光可以顺畅融合

天花板跳闪的作用是补充不足的光量。它可以让背景晕染模糊，因此需要重新加大光圈来固定光圈值。之后，为了获得理想的亮度，调整ISO感光度和快门速度，并且将外接闪光灯切换到手动模式，把闪光量从最弱处一点一点往上调，一边检查画面的效果，一边确定光量。

只使用自然光

手动闪光 1/32秒

手动闪光 1/16秒

要点 2

充分发挥反光板的效果

在此次拍摄中，另一个发挥显著效果的附件是反光板。通过加入反光板，可以在自然质感下让模特全身变亮。如果只使用自然光进行拍摄，也可以把反光板立起来，但是此次拍摄的目的是为了反射天花板跳闪的光源，因此将反光板放置在朝向模特的低处。右边的图例中，使用了白色的大跳闪板，可以补充更自然明亮的光量。

手动闪光1/16秒+反光板

进一步吧！

不使用自然光进行拍摄

右边的图例中，没有使用自然光（降低ISO感光度，把快门速度设定为高速），仅使用外接闪光灯的光源进行拍摄。为了呈现出清晰的最终效果，将闪光灯直接照射向模特。最终呈现的画面氛围与上一页的图例不同，阴影更浓

手动闪光1/8
f/2.8 1/160秒 ISO 100

》布光的总结

① 提高ISO感光度，最大限度地汇聚拍摄场景中的光源。
② 通过天花板跳闪和反光板，把光量补充到柔和质感。
③ 要多留意最终画面是否自然，对天花板跳闪进行闪光曝光补偿。

→ 第4章

02

运用双灯柔光伞，使用柔光拍摄全身

使用双灯柔光伞把拍摄对象拍亮的布光方式具有较强的通用性，且易于操作。即便在无法使用天花板跳闪的场景下，使用起来也非常便捷。

朝向模特，在左右位置放置柔光伞。营造天花板跳闪的感觉，从高处照射。由于左右两侧的光量均匀一致，可以描绘出阴影稀少、平坦而明亮的画面

拍摄参数

- 佳能EOS 5D Mark Ⅲ
- 佳能EF 24-70mm f/2.8L Ⅱ USM
- 手动曝光(f/4、1/80秒)
- ISO 200 ● 5300K ● 55mm

闪光灯的配置和技巧

使用直径为85cm的2盏柔光伞a、b。朝向模特放置在左右两侧，调整高度进行照射。两盏柔光伞仿佛从高处夹住拍摄对象一般照射闪光，因此可以描绘出阴影稀少的平坦画面。需好好确定闪光灯和模特之间的距离，以便能够覆盖模特全身和四周环境

a、b：日清Di700A TTL
调光补偿+ 0.5EV

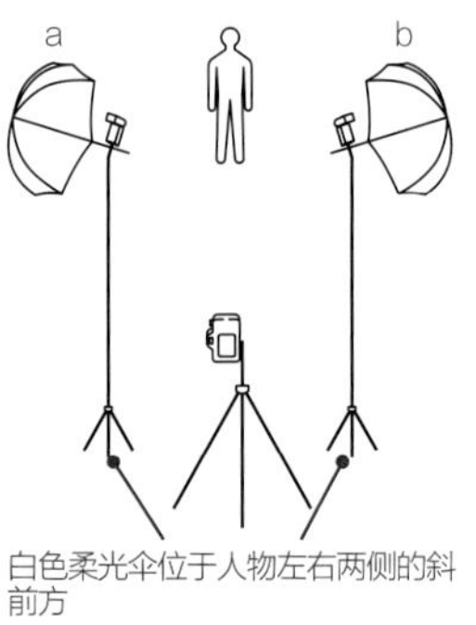

白色柔光伞位于人物左右两侧的斜前方

最正统的双灯布光

这种拍摄方法在希望照亮大范围的场景时非常重要，可以尽可能均匀地把画面整体拍得明亮。为了将模特全身拍亮，这次拍摄使用了这种布光方式，这也是拍摄群体照时便于使用的重要手段。不管拍摄条件如何，它都可以轻松营造出类似于天花板跳闪的效果。如果使用柔光伞，在天花板很高的场景中也可以使用柔和光质进行拍摄。此次拍摄使用TTL模式调光，如果想要拍摄更广阔的范围，可以切换到自动闪光模式，使用测光表测定整体的曝光值，再调整闪光灯的照射方式。

如果双灯柔光伞离得远一些，最终画面中的明暗对比会降低，还可以通过改变柔光伞的高度，调整脸部周围的阴影和高光的呈现方式。此外，拍摄时还可以通过改变左右两个柔光伞的配置和光量，营造出更立体的画面效果。这些效果和第1章中已确认过的内容相同。这些布光方式具有很高的通用性，认真观察确认这些细节部位，可以增加画面表现的形式，并非仅仅营造出柔光效果。

要点 1

闪光灯离远一点进行拍摄

通过照射距离来调整画面的张弛感

使用两个柔光伞从左右两侧照射的布光方式时不仅要多留意高度，距离也是需要多留意的重要因素。柔光伞的位置越远，画面的明暗对比越低。上面的图例就是这样拍摄的一张照片，光量逐步增加。与上一页的图例相比，肌肤的质感等更偏向于柔软感觉。

要点 2

使用一个柔光伞从正面照射

没有两个柔光伞时，使用一个柔光伞从正上方照射

如果想用一个柔光伞尽可能将拍摄对象拍得没有阴影，且质感平坦，可以试着从正上方照射闪光灯。由于是单灯布光，影子很容易出现在下颌和服装的凹凸等处的下方，但是可以均匀地把拍摄对象拍亮。

进一步吧！

尝试改变光量平衡和闪光灯位置

图例A中，主光源从正面照射，另一个灯从左侧发出微弱的闪光。相比只用一个灯从正面照射，这样可以让肌肤质感更柔和，相比两个灯从左右照射，这样拍摄的最终效果也毫不逊色。图例B中，闪光灯是从左右两侧照射，闪光时改变光平衡，增强左侧的闪光灯。这次拍摄在模特的左侧加入高光，成为画面重点。使用光线易于流动环绕的两个柔光伞，可以营造出各种各样的光质。

A：正面TTL闪光曝光补偿 +0.5EV；左侧TTL闪光曝光补偿 −1EV f/4 1/80秒 ISO 200

B：左侧TTL闪光曝光补偿 +0.5EV；右侧TTL闪光曝光补偿 −0.5EV f/4 1/80秒 ISO 200

» 布光的总结

① 将双灯柔光伞放置在左右两侧，可以尽可能地将画面拍得没有阴影，均匀而明亮。
② 使左右两侧柔光伞的光量均匀一致，可以描绘出平坦的画面。
③ 柔光伞也可以营造出天花板跳闪。

03 用环形灯营造硬光

环形灯很多时候用于拍摄肖像照，可以带来硬光质的独特趣味。本节将介绍其使用方法。

将环形灯安装在镜头上进行拍摄。根据拍摄对象的轮廓，出现的影子比较浅淡，这也是环形灯的特征。拍摄者可以尽情享受与外接闪光灯不同的个性表现。使用TTL闪光模式，可以进行明亮的闪光曝光补偿

拍摄参数

- 佳能EOS 5D Mark Ⅲ
- 佳能EF 24-70mm f/2.8L Ⅱ USM
- 手动曝光(f/4.5、1/80秒)
- ISO 400 ● 5500K ● 50mm

闪光灯的配置和技巧

使用的是日清制造的MF18微距闪光灯，在外部光线无法进入的暗室中进行拍摄。闪光灯指数是16，照射范围较窄，因此选择平面的背景，一边靠近模特，一边让光线环绕模特的全体。稍微拍亮一点的话，人物肤质会变得更亮白，增加画面的视觉冲击力

a: 日清 MF18微距闪光灯 TTL闪光曝光补偿 + 0.5EV

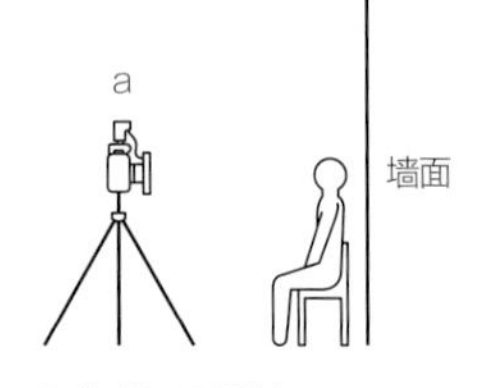

环形灯从正面照射

理解光质的特征然后来发挥它们的效能

使用环形灯是为了补充近拍时的光量不足，这种个性化的光质作为肖像照的布光可以成为很好的表现重点。虽然环形灯的光质如同外接闪光灯直接闪光一样硬，但是因为闪光部是圆形的，所以可以描绘出均匀明亮、阴影薄弱的画面。同时，如果在光线昏暗的地点仅使用闪光光线进行拍摄的话，关键在于切合拍摄对象的轮廓营造出影子。拍摄时还可以在瞳孔中拍入环形光。概括来说，环形灯可以呈现出生动有力的最终画面效果，在聚会等场景下也可以让拍摄者尽情享受描绘个性画面的乐趣。

但是使用这个附件需要有些技巧。环形灯原本是用于近距离拍摄的，闪光灯指数很小，光线很难环绕到背景上。在有一定深度的场合中靠近拍摄的话，有时会导致曝光差，背景会明显变暗。从稍远位置处缩小光圈进行拍摄的话，也很容易导致光量不足，因此要多加留意。并且，将环形灯与自然光、恒定光等其他光源组合进行拍摄，也非常有意思。把环形灯作为辅助光，可以一边给拍摄对象加入恰到好处的高光，一边进行拍摄。

要点 1

提亮进行拍摄
TTL闪光曝光补偿 + 1

使用环形灯把场景照亮，可以营造出娇艳感

环形灯的魅力在于可以给画面加入高光，不会因为脸部的凹凸形成讨厌的影子。此时，如果加大闪光量进行拍摄的话，肌肤质感会变得亮白，呈现出更有张弛感的有力画面。上图例中使用的光量比上一页图例要高，从而可以让拍摄对象从背景中被凸显出来。

要点 2

有一定纵深的背景下进行拍摄
TTL闪光曝光补偿 + 0.5EV　f/4.5　1/80秒　ISO 400

多留意与背景之间的距离

如上图所示，如果在有一定纵深的背景下使用环形灯，光线很难流动环绕，无论如何最终画面都很容易给人昏暗的印象。尤其是只用闪光灯光线进行拍摄时，对这一点要多加注意。使用环形灯在平面背景下进行拍摄，整体氛围更容易变得明亮。

进一步吧！

组合其他光源使用环形灯

下面的图例使用了双灯布光，环形灯照射拍摄对象，同时在相机背后放置一个外接闪光灯，设定好从属闪光模式进行天花板跳闪。不仅能够保留环形灯的张弛感，还能让光线把整体画面提亮。像这样将环形灯与其他光源组合使用，可以让人尽情享受摄影之乐。

环形灯＋天花板跳闪
f/4.5　1/80秒　ISO 400

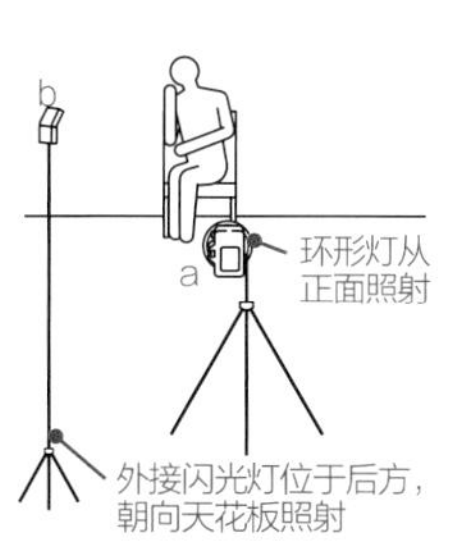

a：日清MF18微距闪光灯　手动闪光 1/16
b：日清Di700A　手动闪光1/64

进一步吧！

取下环形灯改变照射角度

将环形灯的闪光部位从镜头上取下来也可以进行闪光。虽然不是常规的使用方法，但是可以改变角度营造出阴影，还可以在某处进行跳闪后作为柔和光源进行拍摄。

手持环形灯从左上方进行闪光
TTL闪光曝光补偿＋0.5EV　f/4.5　1/80秒　ISO 400

》布光的总结

① 环形灯可以呈现出阴影较少的硬光。
② 如果希望在明亮氛围下进行拍摄，要使用平面背景。
③ 使用正向闪光曝光补偿，最终效果更有张弛感。

→ 第4章

04 以辅助光（副光）为重点拍摄人物

在肖像照中，为了展现出发丝的质感，有时需要使用到辅助光。本节就讲述典型的布光手法。

使用柔光箱从前面补充脸部周围的光量，使用装有蜂巢罩的外接闪光灯从后面照射发丝，给发丝加入高光。加大光圈，大范围虚化背景，最终画面呈现出柔和的氛围

拍摄参数

- 佳能EOS 5D Mark Ⅲ
- 佳能EF 85mm f/1.2L Ⅱ USM
- 手动曝光（f/2.5、1/50秒）
- ISO 400 ● 5300K ● 85mm

闪光灯的配置和技巧

柔光箱的尺寸是60cm×90cm，由两个外接闪光灯a、b构成。从稍微离远一点的位置使用柔和的光质环绕整个拍摄对象。从后面增加一个外接闪光灯c发出稍微强一点的闪光。蜂巢罩是25°。一边尝试让光线照射在发丝上，一边微调闪光灯的位置

a、b：日清 Di700A　TTL闪光曝光补偿 -2EV
c：日清 Di700A　TTL闪光曝光补偿 + 2EV

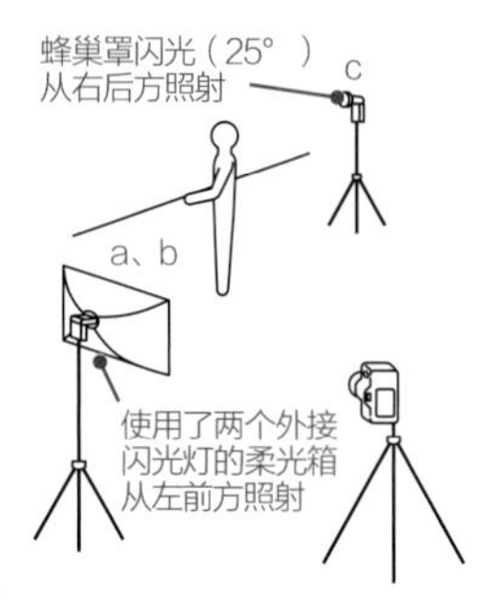

加入高光营造自然氛围

这次拍摄中给发丝加入了高光，这种重点光源在各种场景下都可以得到充分利用，是通用性很强的布光方式。不仅蜂巢罩，长嘴灯罩也可以营造出这种效果。使用照射范围较窄的聚光灯光源从斜后方照射的时候，要对其进行调整，尽量不要给脸部加入不必要的光线。发丝的质感很难表现。通过给精确的位置加入高光，可以营造出色彩浓淡，使最终呈现的画面富有立体感。

使用柔光箱的主光源可以一边融合自然光和闪光灯，一边补充光量。只用自然光拍摄的话，背后会变亮，人物略偏逆光，实际看起来会更暗一点，因此使用柔光箱来补偿提亮。这个拍摄场景下，由于提高了ISO值，加大了光圈，因此使用一个装有柔光箱的外接闪光灯就足够了，但是如果为了使用更均匀稳定的柔光进行大范围照射，可以使用双灯的组合。通过使用毫无违和感的光质，描绘出整体富有通透感的画面。

要点 1

照射主光源营造出自然韵味

观察图例A可以看出，只使用自然光的话，大部分画面比较灰暗。图例B中加强了光线的照射方式，肌肤质感变硬，略有些人工的氛围。图例C减弱柔光箱光量进行拍摄，画面效果更加自然。由于光量较弱，柔光箱特有的柔和感很好地体现在画面中。

A：只使用自然光

B：TTL闪光曝光补偿－1EV×2个闪光灯

C：TTL闪光曝光补偿－2EV×2个闪光灯

要点 2

仔细斟酌高光的加入方式

根据光线加入位置的不同，蜂巢罩和长嘴灯罩等聚光灯光源给人的印象会发生显著变化。右边的图例中，乍看之下跟上一页的图例类似，但是通过把闪光灯的角度稍微朝下，给服装的侧面也加入了高光。这种布光方式中很重要的因素是需要拍摄对象尽量减少动作。一旦拍摄对象动起来，高光很难加入到预想的位置，因此要多加注意。

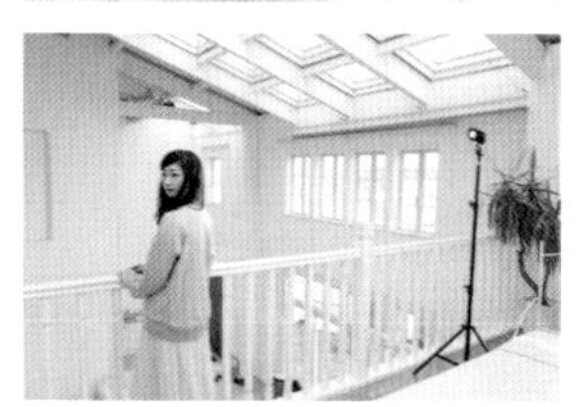

朝向身体右侧进行闪光

进一步吧！

取下蜂巢罩罩，营造出半逆光的印象

右边的图例中，从后方照射的闪光灯上面取下蜂巢罩罩。此时的闪光量与之前是一样的。相当强烈的光线照射在拍摄对象上，给服装加入的高光范围也变大。另一方面，发丝的质感略显单调，脸部也投入了发丝的影子。安装上蜂巢罩罩后，闪光灯的照射范围变窄，光亮也会减少，因此肯定更容易控制光线，但是当希望把光线照射在整体画面上时，这种光源略显粗糙。

取下蜂巢罩罩进行闪光

»» 布光的总结

① **调整柔光箱的光量，提亮肌肤，营造自然韵味。**
② **使用聚光灯照射发丝，营造出细微差别。**
③ **装上蜂巢罩更容易控制高光。**

→ 第4章

05 营造广泛柔和的面光源进行拍摄

透写纸可以轻松营造出柔和的光质。本节就介绍它和柔光伞组合后的实际操作效果。

让模特横躺在床上，靠近拍摄。闪光灯有两个，主光源为从右手前侧45°处由一个柔光伞穿过透写纸照射。另一个闪光灯位于模特身后，是为了把模特背后照亮。一边留意明亮柔和的质感，一边进行拍摄

拍摄参数

- 佳能EOS 5D Mark Ⅲ
- 佳能EF 85mm f/1.2L Ⅱ USM
- 手动曝光(f/2、1/50秒)
- ISO 400 ● 5300K ● 85mm

闪光灯的配置和技巧

主光源是在直径85cm的柔光伞a前面装上透写纸组合构成的面光源。从左侧照射能让光线更好地环绕在脸部，但是从右侧照射能更好地给脸部加入自然阴影，因此选择了从右侧照射。床上的白色床单也能起到反光板的作用。

a：日清 Di700A　TTL闪光曝光补偿－0.5EV
b：日清 Di700A　TTL闪光曝光补偿＋1EV

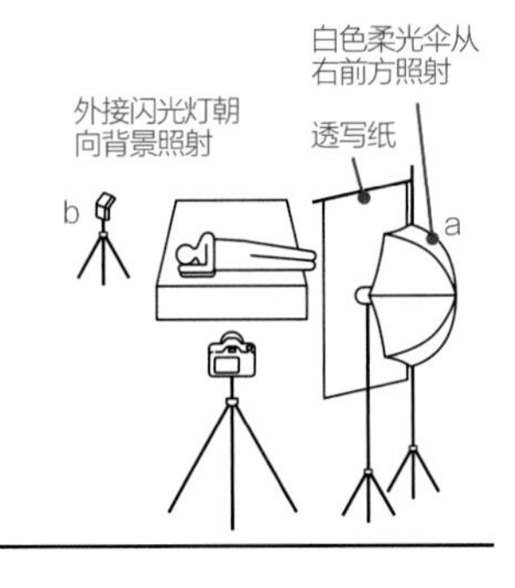

通过柔光伞和透写纸营造出柔光

拍摄场景是柔和的自然光从背后照射环绕。只用自然光拍摄的话，会变成逆光效果，拍出来脸部偏暗。为了补充这种光量不足，加入了前面的面光源。柔光伞形成的跳闪光进一步穿过透写纸，营造出柔光。这个光线照射在模特的上半身，呈现出自然韵味。这种方法可以营造出类似于柔光箱的效果，使用时很便捷。但是，这种布光的光量很容易偏低，因此有必要使用具有一定程度闪光量的大闪光灯。这种布光还可以给眼中加入明显的眼神光。这次拍摄中的眼神光也成了很好的表现重点。

模特背后放置了一个闪光灯，可以把模特脸部的后方照亮。加入这种背光，照片给人的印象又会发生变化。加大光圈明显虚化背景后，闪光时的阴影就变成了如图中所示的效果。这次拍摄中，也是一边对两个闪光灯的光量平衡进行测试作出微调，一边描绘画面。基础光源是这个场景的自然光。通过提高ISO值，让闪光灯发出较弱的闪光，使最后描绘出的画面毫无违和感。

要点 1

A：只用自然光

B：闪光灯从相机前端右侧直射＋透写纸
TTL闪光曝光补偿－1.5EV

C：柔光伞从相机前端右侧照射＋透写纸
TTL闪光曝光补偿－1EV

确认主光源的光量和光质

穿过透写纸的光源根据闪光灯的配置方式可以发生各种各样的变化。如果挪近闪光灯的话，会变成硬光，挪远的话会变成柔光。此时要多留意高度这个要素。从低处照射的话，画面前部的手臂会阻碍光线，让光线很难照射到脸部。另外，这种布光方式是让闪光灯直接穿过透写纸发出闪光（图例B）。相比使用柔光伞，光质更硬，但是比不用透写纸直接照射，画面表现更柔和宽广。

要点 2

背光：TTL闪光曝光补偿＋2EV

调整背光的强度

此处使用的背光的要点在于营造出逆光一般的感觉。人物表情也可以更轻快地凸显在画面中。上面的图例中，使用的主光源与上一页图例相同，只是进一步加强了身后背光的强度。光量过强，反而会让高光更明显。

进一步吧！

从左侧照射来确认差异

右边的图例中改变了闪光灯的位置，放到右侧。相比左侧的图例，光线能照射整个脸部，可以让最后的画面富有张弛感。另一方面，加入的眼神光不太多。虽然都是柔和的面光源，闪光灯照射角度不同，可以给画面表现的内容带来相应的变化。

柔光伞从相机前端左侧照射＋透写纸
TTL闪光曝光补偿－0.5EV

布光的总结

① **使用柔光伞＋透写纸营造出柔光。**
② **脸部周围灰暗的时候，通过背光提亮，凸显出人物表情。**
③ **即便都是大范围照射的面光源，照射的朝向和角度也很重要。**

→第4章

06

使用闪光灯补光呈现出戏剧性的明暗反差

闪光灯补光在逆光拍摄时能发挥显著效果。本节就来介绍使用闪光灯补光有意呈现出明暗差的技法。

没有一丝云彩的晴天时，逆光很容易导致模特变暗，为此使用两个闪光灯直接照射。关键在于设定为整体曝光偏向不足，再使用闪光灯进行闪光。通过自然光和闪光灯光线呈现出曝光差，最终营造出非现实的氛围

拍摄参数

- 佳能EOS 5D Mark Ⅲ
- 佳能EF24-70mm f/2.8L Ⅱ USM
- 手动曝光（f/16、1/200秒）
- ISO 100 ● 5300K ● 24mm

闪光灯的配置和技巧

上下两个灯从右斜方对准模特照射。上面的一个灯a朝向上半身，下面的一个灯b朝向下半身，给身体加入恰到好处的阴影。如果需要非常明亮的大光量，想要用硬光拍出清晰效果，可以不使用其他附件直接用闪光灯照射模特。上面的那个闪光灯是全光照射。为了缩短充电时间，安装了备用电源。

a：日清 Di700A 手动闪光1/1

b：日清 Di700A 手动闪光1/2

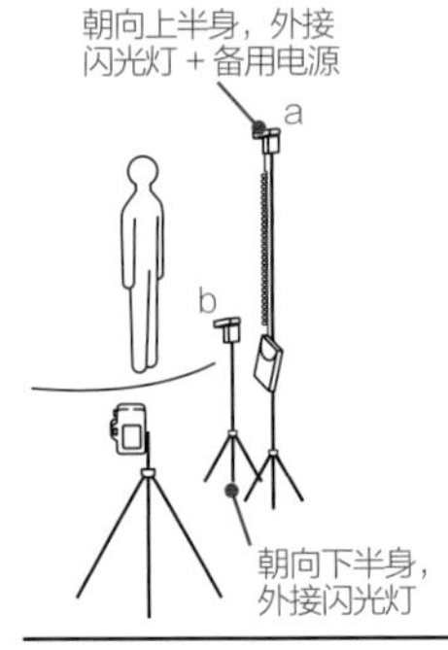

平衡好自然光和闪光灯光线

闪光灯补光的可以营造出主体的明暗差，描绘出画面。假如只在自然光下进行曝光补偿，也只能改变照片的整体亮度，通过加上闪光灯光线，就可以营造出曝光差。从某种意义上来说，这是一种逆转自然光和闪光灯光线之间平衡的构思。通过减少（设为曝光不足）所使用的自然光总量，可以让闪光灯照射的部分比较明显。

进行这种表现时，需要留意所使用的自然光。晴天顺光下也可以使用这种摄影手法，但是为了控制曝光，需要减小光圈，加大快门速度，并且要有相应的大光量闪光灯。阴天时容易出现明暗差的逆光，不需要大光量，便于让画面表现充分发挥明暗差的效果。

如果想拍出清晰质感，可以缩小光圈进行拍摄，但是如果想虚化这个场景的背景，可以使用高速同步。高速同步也需要一定光量。如果使用全光后闪光灯光量还是不足，可以挪近闪光灯，调整曝光。

要点 1

将曝光设定为不足来使用闪光灯

闪光灯补光可以营造曝光差，先在相机端将其设定好，以便只用自然光让画面曝光不足。确定曝光的时候，为了让光圈影响闪光灯的闪光量，可以调整快门速度，达到同步速度时可以改变光圈。感光度也可以先设定为低感光度。由于这个场景非常明亮，使用ISO100、1/200秒，光圈减小到f/16，这样就是图例B的亮度。图例C使用了闪光灯照射。

A：只用自然光
f/8　1/100秒　ISO 100

B：只用自然光
f/16　1/200秒　ISO 100

C：一个外接闪光灯从右上方照射手动闪光1/1　f/16　1/200秒
ISO 100

进一步吧！

通过快门速度调整自然光的曝光

改变身后亮度的时候，推荐通过快门速度来进行调整。在要点1中也介绍过，通过光圈调整，会给闪光量带来差异。如果使用快门速度调整亮度，即便在室外摄影，也不太会受影响，可以轻松调整曝光差。下面两张照片的闪光灯闪光量和上一页图例一样，只是改变了快门速度，背景亮度发生了明显变化。

1/60秒　f/16　ISO 100

1/125秒　f/16　ISO 100

要点 2

调整光线的照射方式

这次拍摄中，除了主光源，还使用了一个灯照射下半身，以便提亮脚部。实际上，如果只用这个灯进行拍摄的话，就是右边的图例。通过两个闪光灯的组合，可以让光线很好地环绕全身。虽然只用一个灯从稍远处照射，也可以让光线照射到全身，但是这个场景下已经是全光了。距离远一点的话，光量会降低，于是通过加上另一个灯来解决。

使用下面的一个闪光灯进行拍摄手动闪光1/2　f/16　1/200秒
ISO 100

»布光的总结

① 通过自然光和闪光灯光线营造出曝光差，呈现出非现实感。
② 逆光和阴天的时候更便于营造曝光差。
③ 改变背景曝光的时候，可以调整快门速度。

→ 第4章

07 用聚光灯和柔光板表现肌肤质感

晴天时，强光会直接照射在拍摄对象上。本节将介绍如何使用长嘴灯罩和柔光板来控制光线。

使用柔光板让照射在模特身上的光线变柔和，并将光线聚焦在脸部，呈现出肌肤的质感。使用具有纵深感的背景，通过长焦镜头营造出背景虚化的效果。将闪光灯设定为高速同步模式

拍摄参数

- 佳能EOS 5D Mark Ⅲ
- 佳能EF 100-400mm f/4.5-5.6L IS Ⅱ USM
- 手动曝光（f/5、1/640秒）
- ISO 100 ● 5300K ● 150mm

闪光灯的配置和技巧

想要使用长嘴灯罩这个附件，因此在此使用蓄电池式的闪光灯保富图B2 250 AirTTL。这个闪光灯可以对应使用TTL功能（仅限于佳能和尼康），在这样的室外摄影中用起来也很便捷。将a对准拍摄对象从右上方照射。要引起注意的是，长嘴灯罩的朝向稍有错位，就无法将光线照射在预定的地方。柔光板的作用是消除高光，从而让光线不要直射模特。

a：保富图 B2 250 AirTTL 无TTL闪光曝光补偿（全光）

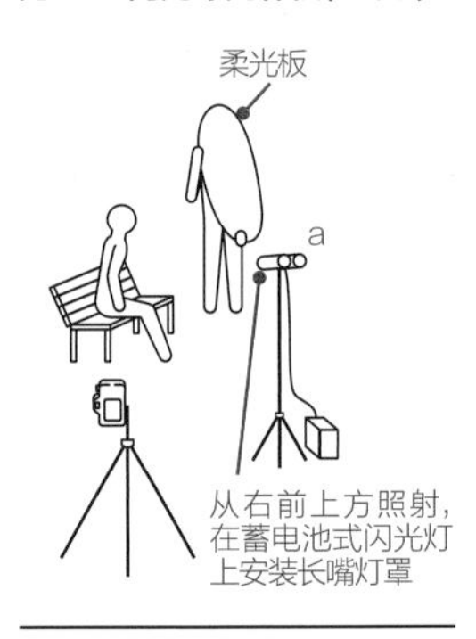

用柔和的光线进行拍摄

如同第4章第5节中的用法一样，为了让闪光灯光线变柔和常常使用柔光板，在室外拍摄时，它也能让过强的日光变得柔和。像这次拍摄一样，被直射光照射的顺光和斜光的情况下，柔光板非常重要，它可以在阴天时轻松营造出柔和光质。本次拍摄就是在这种状态下照射闪光灯。也就是说，通过柔光板限制不需要的光线，并且补足需要的光线。记住这种将“柔光板+闪光灯光源”组合的手法，可以应用在各种场景下，非常便捷。

这次拍摄也营造出了与上次拍摄一样的曝光差，在画面中呈现出立体感也是关键所在。将自然光下的曝光设定为偏曝光不足，之后让闪光灯发出闪光。这样可以进一步强调长嘴灯罩制造出的聚光灯效果，使凸显出的拍摄对象给人留下更深刻的印象。同时，如果想要呈现出更加自然的画面氛围，可以调慢快门速度，提亮背景。这些可以根据目的需要进行调整。由于是白天的明亮场景，若想营造出背景虚化效果，需要使用高速快门。这次拍摄使用了高速同步。

要点 1

通过柔光板即刻营造出阴天时的光源

图例A只使用了自然光拍摄，实际上会让高光过强。使用柔光板后，可以让光线变得像图例B那样的柔和。一边通过眼睛所见确认效果，一边灵活地加入柔光板。在此，使用了保富图制造的半透明反光罩（反光板）。

柔光板的直径为120cm，这在室内摄影中用起来也很便捷。

A：只使用自然光　f/5　1/200　ISO 100

B：自然光＋柔光板　f/5　1/200秒　ISO 100

要点 2

调整曝光和照射位置

漫反射状态下，使用闪光灯的照片是图例C。虽然照射着光线，但是给人的印象略显平面。因此降低了整体的曝光，使用高速同步闪光（图例D）。但是长嘴灯罩的位置略高，使得前额头发下端的影子很引人注目。图例E中，闪光灯朝向拍摄对象附近的地面发出闪光。虽然使用跳闪光达到了预定效果，但是（使用最大光量进行闪光）却由于光量不足，导致拍摄对象变得昏暗。最终决定使用长嘴灯罩从更低位置切实对准脸部发出闪光，从而消除了脸部的影子（上一页图例）。

C：柔光板＋高处位置的长嘴灯罩　f/5　1/200秒　ISO 100

D：柔光板＋高处位置的长嘴灯罩　f/5　1/640秒　ISO 100

E：柔光板＋朝向地面的长嘴灯罩　f/5　1/640秒　ISO 100

※闪光灯未使用TTL闪光曝光光补偿（全光）

进一步吧！

认真研究柔光板的加入手法

通过眼睛可以简单确认柔光板的效果，此时将能使用的高光直接拿来利用也是可以的。上一页的图例中，在小腿部位加入了高光，这就是自然光带来的高光。右边的图例中，使用柔光板让光线覆盖人物全身，但是最终效果略显单调。

小腿部分没有高光　1/640秒　ISO 100

布光的总结

① 通过柔光板降低高光。
② 调暗背景，进一步强调点光源。
③ 认真研究长嘴灯罩的加入手法。

→ 第4章

08 充分利用树梢阳光在温暖的氛围下拍摄

本节的主题是如何一边充分利用柔和的树梢阳光，一边进行布光，营造出逆光效果，使其成为画面重点。

这是傍晚时分在公园拍摄的。由于阴天，模特整体变暗，因此用一个安装了蜂巢罩的柔光箱从前面对准模特，并且用另一个闪光灯从背后的足部位置照射，由两个灯来构成布光。发丝和背后青草的高光来源于自然光

拍摄参数

- 佳能EOS 5D Mark Ⅲ
- 佳能EF 85mm f/1.2L Ⅱ USM
- 手动曝光(f/2、1/125秒)
- ISO 100 ● 5400K ● 85mm

闪光灯的配置和技巧

为了使用专门的柔光箱，使用能对应TTL功能的闪光灯保富图 B2 250 AirTTL（a）。在直径60cm的八角形柔光箱上安装40° 的蜂巢罩，缩小照射范围，以达到自然的氛围。将闪光灯放置在稍微靠近正面的地方，使闪光照射到脸部。背后的外接闪光灯b进行从属闪光，调整其角度，在拍摄对象前面形成延伸的影子。

a：保富图 B2 250 AirTTL 无TLL闪光曝光补偿1EV
b：日清 Di700A 手动闪光1/4

外接闪光灯从模特后方看不到的地方照射

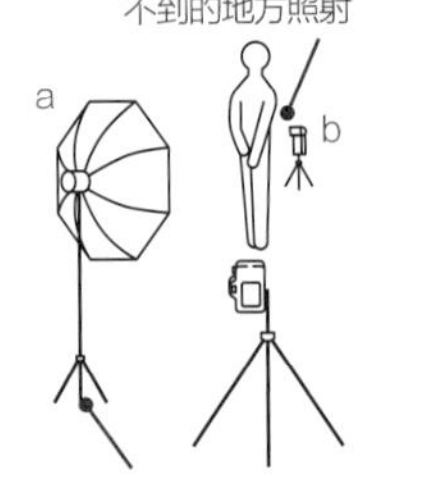

从左前方照射，在蓄电池式闪光灯上安装柔光箱＋蜂巢罩（40° ）

以自然光为基础，使用双灯营造光线

这次布光的明显特征是，最大限度地利用自然光进行布光。为了能在逆光下很好地描绘出树木和树梢阳光，首先只通过自然光来决定大致的曝光。针对变暗的人物，为了营造出轻松柔和的氛围，使用了柔光箱。八角形的柔光箱在靠近拍摄时能发挥更好的效果。在柔和的光质下，可以在人物眼中营造出圆形的眼神光。正如这次拍摄，使用一般性的柔光箱就可以奏效。

背后加入的一个闪光灯是为了在模特前面加入富有戏剧性的逆光影子。仿佛藏在足部的闪光灯放置在低位的迷你三脚架上，足部稍微动一下的话，就可以看到闪光灯的三脚架，因此要指示模特不要移动足部。在这种场景中，很多时候都通过正向曝光补偿来拍亮人物，但是这样做的话，背后的拍摄要素会曝光过度。通过灵活使用闪光灯补光模式，可以自由控制人物与背景之间的明暗和色彩浓淡。

要点 1

通过蜂巢罩控制照射范围

在这次拍摄中，蜂巢罩发挥了非常重要的作用。使用柔光箱拍摄的图例B中，有时闪光量也会很强，但是光线包围全身，导致最后效果略有违和感。因此在图例C中，没有改变光量，而是安装了蜂巢罩进行拍摄，使光线只环绕上半身，从而与所处情景充分融合。

A：只使用自然光

B：柔光箱

C：柔光箱＋蜂巢罩

要点 2

柔光箱＋蜂巢罩从模特前面照射，外接闪光灯从背后朝向肩部直接照射

背后闪光灯的照射方式很重要

上面的图例中，背后的闪光灯位于靠近扶手的位置，对准模特上半身进行大范围照射。原本逆光就不太能制造出背光的效果。由于细微的角度和距离差异，与上一页朝向足部照射的图例相比，画面内容产生显著差异。重要的是自己要多摸索光线的各种照射方式。

进一步吧！

降低曝光，强调明暗差

虽然是已经介绍过的手法，但是像这次拍摄一样，通过加入背光进行拍摄，在画面表现中改变背景曝光也是十分有效的。尤其像右边的图例，将背景变暗的话，更能强调出高光和身前延伸的影子，给人留下更深刻的印象。

降低背景曝光进行拍摄
f/2　1/200秒　ISO 100

》布光的总结

① 柔光箱＋蜂巢罩更易于与自然光融合。
② 从背后照射足部，可以营造出逆光的影子。
③ 通过快门速度调整到自己喜爱的明暗差。

→ 第4章

09 运用闪光灯布光呈现出强烈的太阳光

本节的主题是营造出如直射阳光一般强烈的光质进行画面创造。通过双灯布光可以使画面更加清晰而简洁有力。

使用带有蜂巢罩的反光罩，闪光灯对准模特照射。布光效果给人以照射着直射日光的感觉。镜头设定为广角端，直接靠近模特，来强调出远近感。强烈的光源和适当间隔让画面表现具有开放感

拍摄参数

- 佳能EOS 5D Mark Ⅲ
- 佳能EF24-70mm f2.8L Ⅱ USM
- 手动曝光（f/11、1/200秒）
- ISO 100 ● 5300K ● 24mm

闪光灯的配置和技巧

主光源的附件使用的是强力反光罩（a），其魅力在于硬质强烈的光质，将其放置在稍微靠近拍摄对象的正面，从而可以把整个脸部都均匀提亮。关键在于加上蜂巢罩，降低周围的亮度，以呈现出聚光灯光源的效果。左脸颊的高光来源于从左侧照射进行从属闪光的外接闪光灯b。要通过多次测试寻找到合适的照射方法。

a：保富图 B2 250 AirTTL 无TTL闪光曝光补偿（全光）
b：日清 Di700A手动闪光1/4

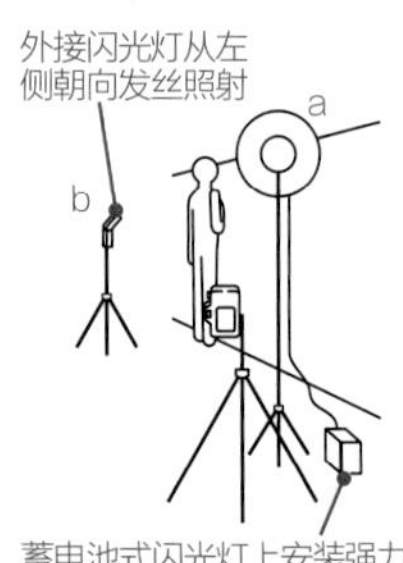

最大限度发挥反光罩的作用

如同第4章第6节的图例一样，这次拍摄中逆光非常强烈，强力反光罩在这种场景中是非常重要的附件。通过增加一挡光圈的光量，在晴天的明亮场景下也可以稳定补充拍摄对象的光量不足部分。这次拍摄也使用了反光罩，虽然使用的是蓄电池式发生器的闪光灯，但是因为发光量够大，即便在晴天也可以使光线效果偏强。组合使用大型闪光灯+强力反光罩，更便于描绘出紧凑的画面和进行高速同步。装上蜂巢罩可以缩小照射范围，但是使用反光罩更便于控制这种强烈的光源。

同时，如果没有反光罩，也可以直接使用外接闪光灯的照射。安装上外接闪光灯专用的蜂巢罩也可以缩小照射范围，但是这样做有时会导致阴影的出现方式略微生硬。使用反光罩更能营造出硬朗的质感，并且不破坏暗部的质感。拍摄场景过亮的话，使用外接闪光灯也更容易出现光量不足。这种情况下，要灵活运用附件来应对拍摄。

要点 1

使用反光罩 + 蜂巢罩，营造出个性化的聚光灯光源

这次拍摄中，最初就决定好背景色调的浓度，然后根据这个设定使用闪光灯。具体来说，要注意保留天空的蓝色，固定好曝光（图例A），之后照射使用闪光灯。图例B中，没有安装蜂巢罩，使用闪光灯从高处照射，虽然光线包围全身，但是最终效果略显单调。图例C是安装上蜂巢罩拍摄的，优点在于仅提亮模特的上半身，可以聚焦提亮，使画面更有趣味。

A：只使用自然光

B：只使用强力反光罩从正面照射

C：使用强力反光罩+蜂巢罩从正面照射

要点 2

从正侧方照射，给脸部加入高光。如果从半逆光位置照射，无法给脸部加入这样大范围的高光

使用外接闪光灯从左侧方直接照射

营造出如同太阳光一般的高光

相对于上一页的图例，上面拍摄的图例没有使用主光源闪光。这是一张只使用外接闪光灯从左侧方照射的照片。虽然照射的目的是给脸部加入高光，但实际效果上，在身体和整个脸部上也环绕着半逆光一般的弱光。

进一步吧！

使用高速同步更能聚焦拍摄

右边的图例中，加大光圈，显著虚化了背景，拍摄中使用的是一个强力反光罩+蜂巢罩的闪光灯。这次拍摄虽然使用了常规的闪光灯补光模式，但是也可以像这样显著虚化背景，凸显出拍摄对象的存在感。配合蜂巢罩带来的光质效果，可以描绘出更有聚焦性的画面。

只使用强力反光罩+蜂巢罩从正面照射
f/2.8　1/2000秒　ISO100

布光的总结

① 通过强力反光罩营造出盛夏时直射阳光一般的光质。
② 明亮的晴天时，可以加强光量的反光罩和大闪光量的照明器材是非常重要的。
③ 使用蜂巢罩进行聚焦拍摄。

10 以日暮时分的风景为背景拍摄人物肖像

日暮时分是便于尝试闪光灯补光模式的代表性场景，可以体会到天空色彩的美丽渐变和闪光灯效果的乐趣。

整体上降低曝光，一边切实呈现出背景的细节，一边通过柔光伞从右侧对准模特照射闪光。由于会导致脸部出现暗部，因此再在右侧加入一个外接闪光灯。最终画面效果呈现出曝光差，富有戏剧性

拍摄参数

- 佳能EOS 5D Mark Ⅲ
- 佳能EF 24-70mm f/2.8L Ⅱ USM
- 手动曝光(f/5.6、1/200秒)
- ISO 100 ● 5500K ● 24mm

闪光灯的配置和技巧

主光源的附件是直径130cm的银色柔光伞a。使用的是大尺寸柔光伞，因此可让光线环绕全身。之所以使用银色是为了营造出有强阴影的鲜明光线。在此使其偏离中心，从稍有一定角度的位置上进行闪光。这样做可以调整阴影的比例和高光的出现方式。右侧的外接闪光灯b是从属闪光。

a：保富图 B2 250 AirTTL 无TTL 闪光曝光补偿－0.5
b：日清 Di700A　手动闪光1/64

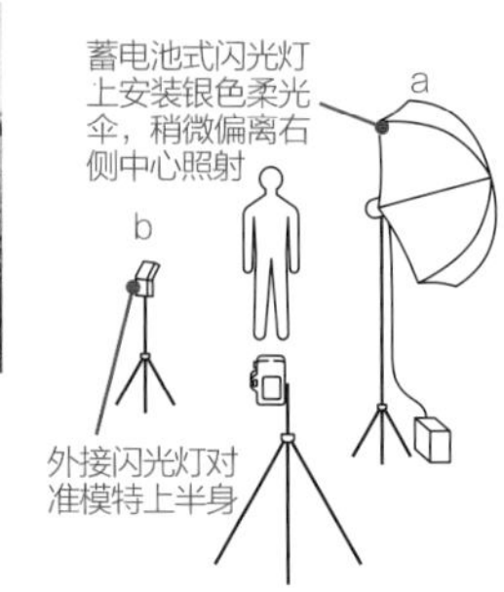

灵活应对时刻变化的外部光源

日暮时分，整体上光量会减少，闪光灯也需要大光量，因此是使用闪光灯补光的绝好条件。用这种方法在日暮时分的逆光下进行拍摄很有趣味，也可以利用日落后的魔力时刻，描绘出丰富多样的画面。

此时的拍摄要点在于要切实表现出天空的质感。决定好曝光以便将富有色彩的天空描绘得更浓烈，让闪光灯发出闪光。需要注意的是天空亮度会时时刻刻发生变化。如果天空变暗的话，可以调慢快门速度，调整与背景之间的曝光差。如果可以将相机固定在三脚架上，在摄影中就能不用担心手抖的问题。如果快门速度过慢，可以提高ISO值，降低闪光灯的光量。这次拍摄中，为了尽可能让光线稳定地照射在大尺寸柔光伞的照射面上，使用了蓄电池式发生器的闪光灯，外接闪光灯也可以很好地对应这种情况。总而言之，这样的场景很适合使用硬光。通过直接照射进行拍摄，最终效果可以呈现出鲜明清晰的氛围。

要点 1

A：一个银色柔光伞从正面照射
f/5.6　1/50　ISO 100

调整背景色调浓度和闪光灯光线之间平衡

右边的图例都使用了相同光量的闪光灯，但是氛围完全不同。图例B提高快门速度使背景变暗，最终画面效果更有立体感，更加有力度。之所以能轻松营造出这样的曝光差，因为正是整体光量变少的日暮时分。通过少量的闪光灯光线就可以体会到这种拍摄乐趣。

B：一个银色柔光伞从正面照射
f/5.6　1/200　ISO 100

要点 2

一个银色柔光伞从右斜方照射
f/5.6　1/200　ISO 100

改变照射角度描绘出强阴影的画面

在要点1中，银色柔光伞从略微正面对准拍摄对象进行照射，如果想在这种场景下营造出更加鲜明清晰的有力质感，可将照射位置变换到从右斜方照射。错开柔光伞的中心，对高光进行微调。通过在前面错开柔光伞的位置，可以让光质变柔和，不会使肌肤质感曝光过度。

要点 3

之所以不使用蜂巢罩是因为希望以脸部为中心让光线照射在整个上半身，营造出阴影。如果想让光线精准照射在预定位置上，使用蜂巢罩也很有效

通过另一个闪光灯调整身体阴影的浓度

这次拍摄中，一边通过布光营造出富有立体感的阴影，一边通过另一个外接闪光灯来调整其浓度。右边的图例中，使用这个闪光灯发出较强的闪光，虽然呈现出了张弛感，但是导致脸部的影子消失，反而缺乏立体感。而上一页的图例中，通过使用手动闪光，微调了影子的浓度。

与上一页的图例相反，使用外接闪光灯1/16闪光

进一步吧！

低速同步中也可以享受无线引闪的乐趣

右边的图例中，为了通过超长焦镜头提亮脸部周围，使用一个安装了蜂巢罩的柔光箱，通过无线引闪来进行闪光。在夜景中，通过无线控制闪光灯进行低速闪光，可以享受到丰富多样的画面表现乐趣。

佳能EOS 5D Mark Ⅲ●佳能EF 100-400mm f/4.5-5.6LIS Ⅱ USM●手动曝光(f/5.6、1/4秒)●ISO 800●5700K●400mm●保富图B2 250 Air TTL●手动闪光1/32

»布光的总结

① 多留意背景浓度，确定自然光下的曝光。
② 通过银色柔光伞设定角度营造出阴影。
③ 通过另一个闪光灯微调影子的质感。

→ 专题

3 闪光灯光线的演色性

演色性就是指把每个光源颜色的再现性用数值来表示。在使用闪光灯拍摄的时候，演色性是非常重要的因素。下面看一下它的特征。

演色性低，就无法再现正确的颜色

摄影中使用的光源，不管是闪光灯还是恒定光，并不是只要符合色温，就可以准确再现颜色。比如，拍摄穿和服的人物时，不管设定怎样的色温，有时也无法逼真地再现所穿和服原本的鲜艳色调。其原因之一在于表示颜色再现性的演色性低下。在演色性低下的光源中，无论使用怎样的色温，都无法拍摄出准确的色调。随着使用年数的增加，闪光灯光源的演色性会逐渐变得低下。从这个意义上来说，包括维修在内，要定期确认自己的闪光灯器材的演色性，这样比较让人安心。

闪光灯的演色性可以通过一部分的色温表来测定。这种演色性最优秀的光源是太阳光。演色性用称为“Ra值”的数值来表示，该值越接近100，意味着演色性越优秀，太阳光的特征是无限接近100。同时，从R1到R15，演色性可以分不同色调，数值化后进行确认。测定演色性的时候，要多关注其中的“R9”这个项目，这是最接近亚洲人肤色的色域数值。这个数值越高，越能准确表现出亚洲人的肤色。

可测定演色性的色温表，世光公司的光谱仪C-700

使用这个机器可以测定演色性，能广泛对应使用在恒定光和闪光灯光源上。它还可以将测光部位对准光源准确测定色温

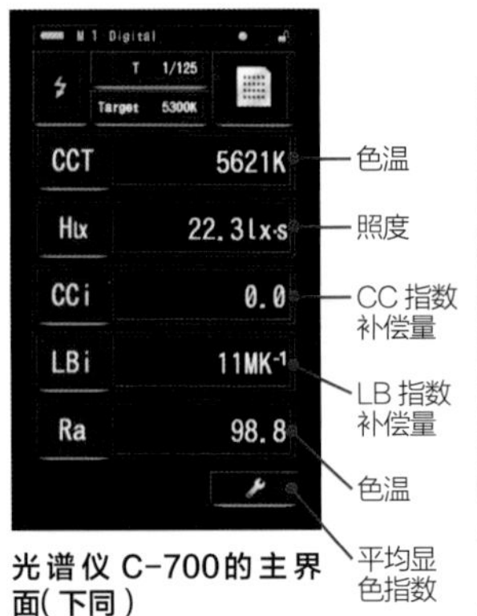

光谱仪 C-700的主界面（下同）

测定结束后，可以再次确认从色温到演色性的数值

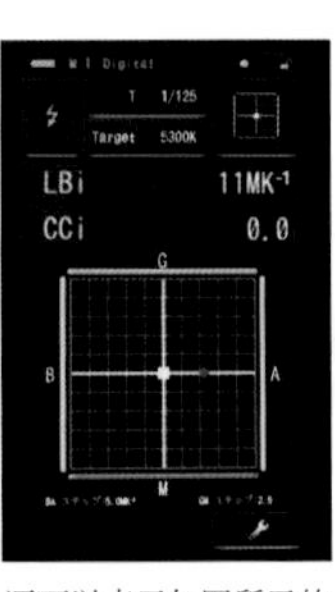

还可以表示如图所示的白平衡校正的度数。一边观察这个度数，一边校正补偿色温

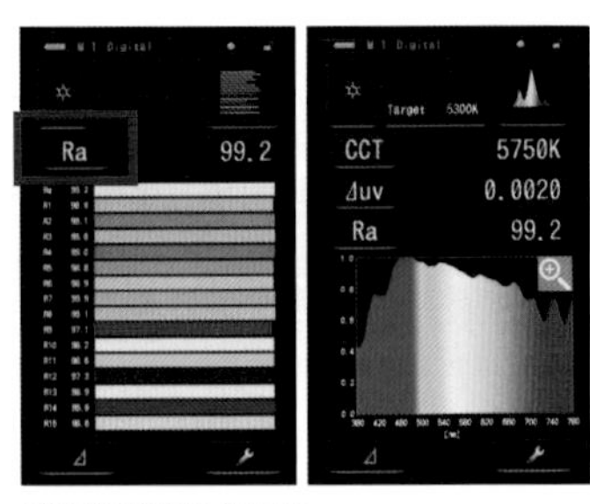

测定晴天时的太阳光

太阳光的演色性非常高。此处的Ra值超过了99，各个R值和分光分布也都很高，具有安定感

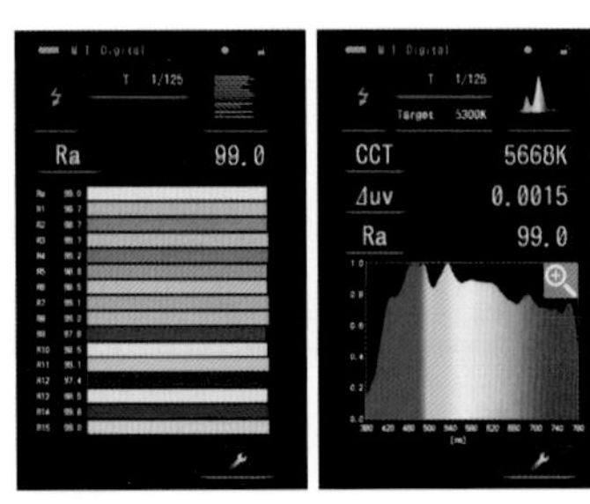

测定大型闪光灯光源（一体式）

Ra值很高，几乎与太阳光一样，可以进行毫不逊色于太阳光的摄影。闪光灯的Ra值高于95以上是比较理想的

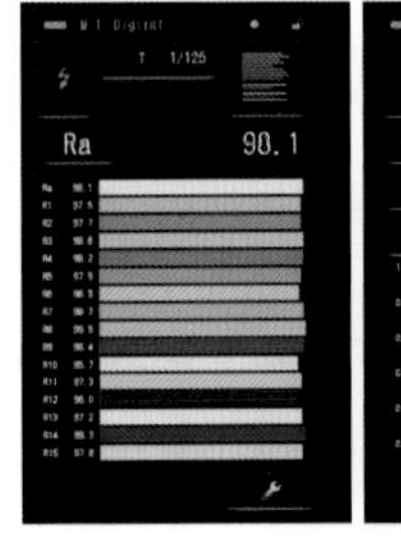

测定外接闪光灯

和大型闪光灯一样，演色性非常高。左端的红外线区域处于测定范围外，没有反映出来，但是整体上来看比较稳定

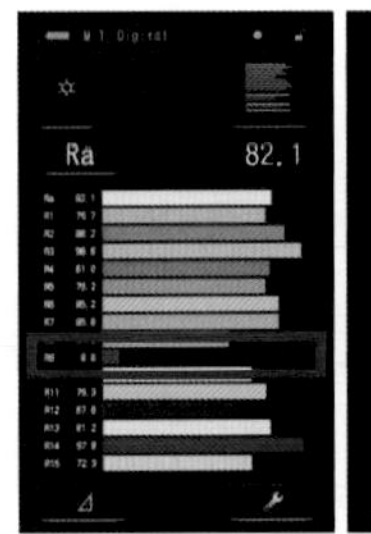

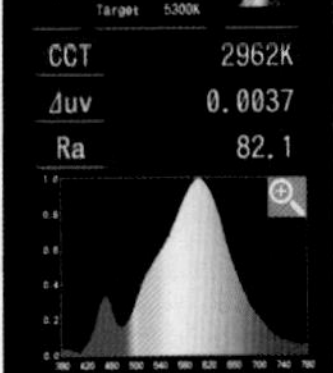

测定房间中的荧光灯

Ra值比较低，各个R值也有所波动。尤其是接近亚洲人肤色的R9比较低，使用这个光源无法准确再现肤色

→ 第 5 章

5

实践篇 影室拍摄肖像时的闪光灯布光

在摄影棚中，可以尝试更加丰富多彩的闪光灯布光表现手法。本章使用一体式闪光灯，以肖像照为题材，从常规正统的单灯布光到多灯组合，分 12 个场景来进行介绍。

- 本章主要使用的一体式闪光灯保富图 D1 500 Air 和蓄电池一体式闪光灯保富图 B1 500 AirTTL 的最大输出功率是 500Ws。
- 拍摄参数内的焦点距离是以 35mm 换算的。

→ 第 5 章

01 影室设备和使用方法

虽然都称为影室，但是其内容各式各样。本节就未加入自然光的典型影室来介绍设备的特征和熟练运用的要点。

摄影棚的常规白色背景布 使用白色背景布来拍摄全身照是很方便的。用透写纸等覆盖地面以免弄脏地面，只在使用时去掉。使用白色背景布时，有时也会涂上油漆。

白色背景布

白色背景布的特征是在地面和正面墙壁的交界处发生弯曲。这是为了在拍摄全身照的时候，不会在背后拍入交界处的影子。

不是白色背景布的影室

不是白色背景布的影室也有很多，本章中使用的就是这种类型的影室。

与背景纸组合使用

在摄影棚中，可以如图所示与背景纸一起组合使用。如果由摄影棚工作人员来布置的话，提前告诉他们想要使用的背景纸种类，他们就可以组合好。

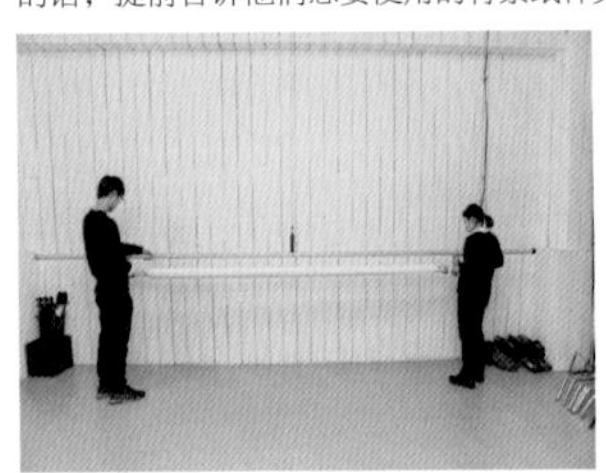

拉下背景轴

装上背景纸，卷起背景轴

拉出背景纸，使用胶条等固定

化妆间等也很齐备

在影室中，备有化妆间和休息空间。

一般都是被涂成白色的场所

写真摄影中使用的影室主要分为两种，一种是使用自然光拍摄的影室，另一种是不加入自然光，可以不受气候影响进行拍摄的影室。第4章的室内摄影中使用的影室无疑是前者，但是一般说起写真影室，指的应该都是后者。不仅是写真，很多时候也可以用来进行动画摄影。

这种影室很多都统一是白色的空间，以便让光线顺畅流动环绕，如果是大型影室，地面和墙壁一般使用被涂白的白色背景布。希望将背景拍成白色（白色背景）和将背景拍亮的时候，使用白色背景布非常方便。另外，还可以挂上背景纸来应对相关情况。并且，根据影室不同，常备的器材、消耗品、背景纸的种类等也有所不同。影室工作人员方面，如果是大型影室，一般会配有助理；如果是便宜的租借影室，很多时候只出租场地。选择影室的时候，要从网站主页上确认详细内容，如果有时间，最好前去看看，并试着去确认下一页中所记载的内容比较安心。

常用的影室附件

影室中摆满了各式各样的摄影附件，这里展示的是使用频率很高的一部分。

三脚架

上图中是一些在摄影棚中常用的三脚架。不仅可以自由组装照明器材，还可以用来固定反光板和柔光板，非常便捷。

箱子·方块体

有各种大小尺寸，高度可以调整，也用于高位拍摄。

跳闪板

大型木质反光板，很多都是一面白色，一面黑色。

木棉板

用起泡板制作的反光板，重量轻，尺寸多样。常用于从下反光，非常方便。

夹子

用于安装反光板和背景纸等。黑色的夹子不会反射光，更便于使用。

帕玛氏胶条

拍摄中使用的胶条。帕玛氏是商标名。其特征是贴完后不易留下胶痕，很容易撕掉。有黑白两种颜色。

聚焦灯

专门用来对准焦点。在摄影棚中，一般会降低室内照明进行拍摄。打开聚焦灯，可以确认焦点位置。

顺利进行拍摄的三个要点

从下一页开始涉及具体的影室布光，这里先讲三个需要事先掌握的要素。

模特的站立位置要切实固定

千辛万苦组合搭配好布光，如果模特的站立位置不稳定，布光就变得毫无意义。确定好模特的站立位置后，可以用胶带等做好标记，做一个参考。

通过造型灯确认光线的照射方式

影室里可以制造全暗的场景，因此便于用造型灯确定照射拍摄对象的光线。拍摄时要养成一个习惯，就是用眼睛所见通过造型灯来确认高光的出现方式和阴影的保留方式。

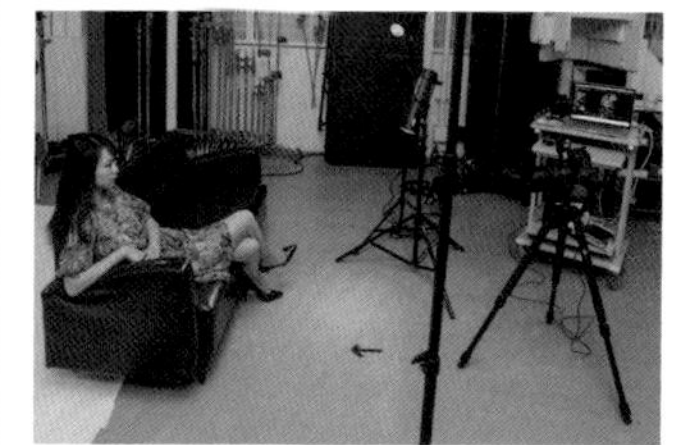

与计算机连接进行拍摄

使用模特的影室拍摄中，联机拍摄比较方便，因为可以通过监视器逐一确认画面图像。

选择影室时的确认事项

右表列举了租借影室时的确认事项。如果是拍摄作品，也可以多人共同租借使用。有的摄影棚给人门槛很高的印象，最近也增加了一些相对价格便宜的租借场地。

面积	如果是拍摄一个人，纵深横宽达到6米就足够用了。观察面积时，也要确认影室的高度。高度越高，布光的幅度越宽广，一个参考标准是4米左右
可使用的照明器材、消耗品	使用影室的物品时需要额外支付费用。如果是影室中没有的项目（尤其是背景纸等），要事先提出要求
设备	首先要确认是否有白色背景布、化妆间和休息场地等。如果使用顶光源较多，要确认是否有安装在天花板上的照明器材
是否有影室工作人员	在自然光影室中很多时候都不配备工作人员。影室工作人员是可以为摄影提供强力支持的重要伙伴。即使拍摄者不习惯影室的使用方法，只要告诉工作人员希望拍摄的内容，他们也可以提供最大限度的支持
价格	影室的费用是以一个小时为单位计算的，很多场地的租借时间从3～5小时起步。如前所述，如果使用影室器材和消耗品等，还需要额外支付费用。支付方式有事先支付和当场支付等

→ 第5章

02

最正统的单灯布光

本节将介绍使用机会最多的柔光伞单灯布光。虽然这种布光很简单，但却可以让人享受到描绘丰富多彩画面的乐趣。

一个柔光伞闪光灯从稍微靠近人物正面的左斜方照射。使用跳闪板来补充右侧的光量不足。通过恰到好处的明暗对比，可以把拍摄对象拍得明亮

拍摄参数

- 佳能EOS 5D Mark Ⅲ
- 佳能EF100mm f/2.8L IS USM微距
- 手动曝光（f/4、1/160秒）
- ISO 100 ● 5300K ● 100mm

闪光灯的配置和技巧

白色柔光伞a是大直径，为130cm，通过柔光伞特有的具有张弛感的画面表现，柔和地表现出暗部。通过从稍微正面的高处进行照射，可以让光线环绕包围整个脸部和发丝。建议光圈值是模特左脸颊是f/4.3，实际拍摄值是f/4，提亮了大概1/3挡。

a：保富图D1 500 Air

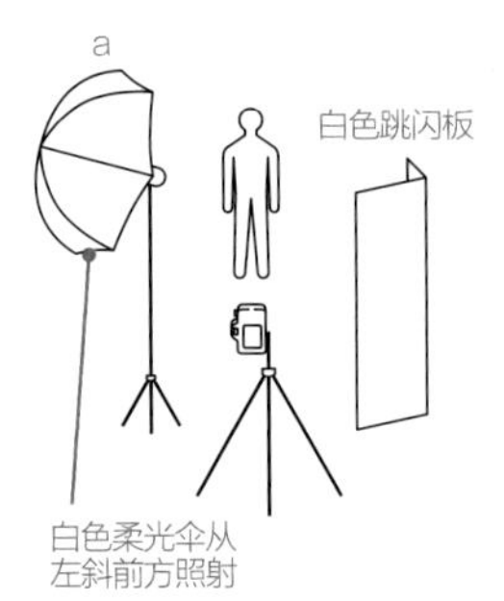

使用大柔光伞让光线环绕

单灯布光的魅力在于，闪光灯照射的角度和高度、距离等差异会给画面表现内容带来显著变化，这一点，与在第1章中已确认过。在这种场景下，将闪光灯放置在从左侧45°稍微偏向正面的位置。组合使用闪光灯，既给脸部的左半侧加入高光，又使加入的阴影本身不会过强。这种“从左侧45°稍微偏向正面”的布光的特征在于，既能营造出立体感，又能提亮脸部周围。这也成为组合使用一个闪光灯时的基准。

同时，此处使用的是L尺寸（直径130cm）的白色柔光伞，这个附件在肖像摄影中用起来非常方便，它不仅能让光线环绕整个拍摄对象，还能给人物肌肤加入柔光伞特有的恰到好处的张弛感。此次拍摄使用反光板让光线能更好地环绕流动，从而给肌肤的亮度营造出流畅的色调渐变。单灯布光中，拍摄对象和背景之间的距离也很重要，靠得越近，背景变得越亮，反之则更容易带来阴影。关于这一点，也要根据自己想要的画面效果进行灵活调整。

要点 1

A：挪远跳闪板进行拍摄

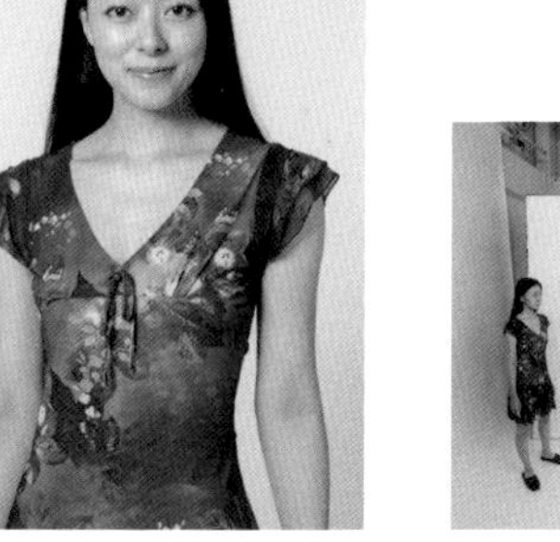

B：挪近跳闪板进行拍摄

C：无跳闪板

通过跳闪板的距离和角度来调整光量的补充方式

并不是单纯加入跳闪板就可以了。比较上面的图例，效果差异一目了然。图例B是靠近拍摄，影子比较单薄，尤其是观察下颌下面和右腕部的影子，更能确认存在的差异。图例C拿掉了跳闪板，阴影变浓，给人以清晰鲜明的印象。

要点 2

放低照射（高度为170cm）

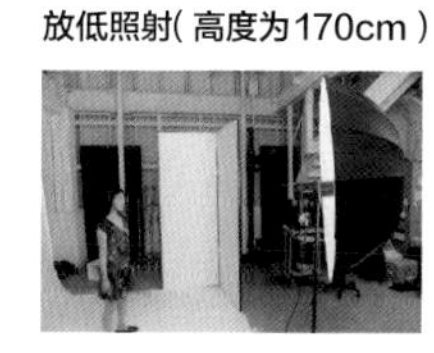

调整高度，尝试改变高光的范围

在上一页的图例中，闪光灯是从稍微高处对准拍摄对象照射的，将其放低的话，就像这次拍摄一样可以拓宽整体脸部中的高光范围。上图所示就是这样拍摄的一张照片。可以看到，人物脸部的左侧变得均匀明亮。

进一步吧！

想要进一步强化阴影的时候，可以调整柔光伞的伞柄。这种效果在使用银色柔光伞的时候更加明显

将柔光伞换成银色，将跳闪板换成黑色进行拍摄影

佳能EOS 5D Mark Ⅲ

- 佳能EF 100mm f/2.8L IS USM微距
- 手动曝光（f/6.3、1/160秒）
- ISO 100
- 5500K
- 100mm

通过银色柔光伞和黑色跳闪板强调暗部

如果想要通过使用柔光伞的单灯布光营造出阴影，银色柔光伞比较方便。如上边的图例所示，既能缩小照射范围，又可以营造出强烈的明暗对比。拍摄要点在于使用黑色的跳闪板，使暗部更加紧凑。

»» 布光的总结

① 单灯布光时，从斜侧偏正面照射更易于拍摄。
② 通过反光板的加入调整阴影的浓度。
③ 降低闪光灯的高度，更便于提亮整体脸部。

→ 第5章

03 加入顶光源的双灯布光

使用两个闪光灯的代表性布光方式之一是加入顶光源，这样可以很好地表现出发丝的质感。

一个L尺寸的柔光伞作为主光源从靠近正面的右斜方照射。搭配使用的顶光源从模特的正上方照射，除了给发丝加入高光，同时也承担着提亮模特全身、背后的作用

拍摄参数
- 佳能EOS 5D Mark Ⅲ
- 佳能EF 100mm f/2.8L IS USM微距
- 手动曝光（f/4、1/160秒）
- ISO 100 ● 5300K ● 100mm

闪光灯的配置和技巧

柔光伞a是安装了专用柔光板的白色柔光伞，使用柔和的光源进行广范围照射，其直径是130cm。左侧方的光量通过跳闪板补足。顶光源b使用的是照射范围狭窄的柔光箱，营造出柔光，其尺寸是60cm×90cm。在双灯照射的情况下，建议光圈值是模特左脸颊为f/4.5，顶部为f/5，实际拍摄光圈值是f/4。

a：保富图 D1 500 Air
b：保富图 B1 500 AirTTL

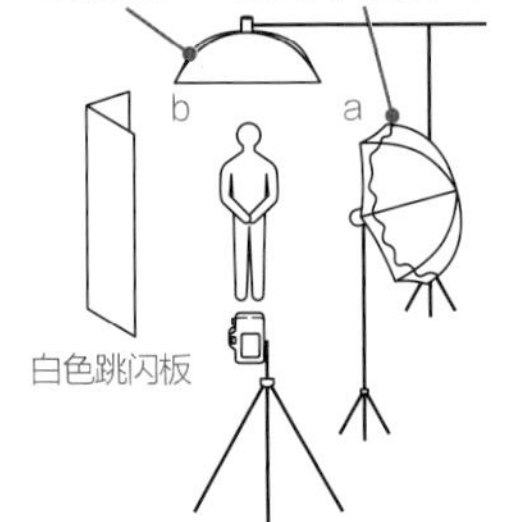

顶光源的加入方式和光量也很重要

这次拍摄中，主光源也是从稍偏正面的斜侧方照射，从而拍摄出模特的立体感。柔光伞上安装了柔光罩，其实也可以使用安装透写纸的方法。运用富有张弛感的光质，给肌肤增加柔和之感。顶光源的目的主要是营造出发丝的质感。这次拍摄使用了60cm×90cm的柔光箱。使用这个附件是因为，有时候虽然想要照射柔光，但是需要限定照射范围，切实让光线照射在预设点上。拍摄群像时，使用照射范围更广的大尺寸柔光箱和柔光伞会更方便。

顶光源的照射方向和光量也需要多加留意。拍摄中，闪光灯（柔光箱）的内芯稍微从模特正上方往后偏，给背后也加入环绕的光线。背景的蓝色也受顶光源的影响，变得明亮。反之，将内芯往前偏的话，人物鼻子和眼睛的下部很容易出现令人嫌弃的影子，需要引起注意。顶光源的设置基准是主光源的一半左右亮度。根据光量的强弱，画面表现也会发生变化。

要点 1

可以使用黑色印刷纸来消除光晕。将其装在柔光箱的侧面，可以遮光，如图所示

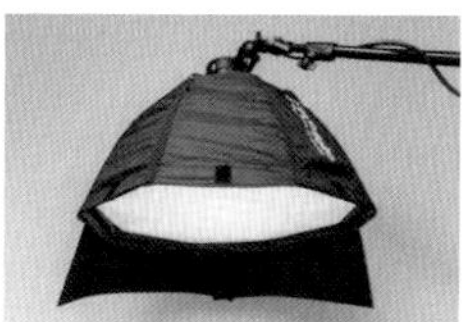

要边确认效果边加入顶光源

右边的图例是逐一照射每个闪光灯，然后确认效果拍摄的照片。观察图例A可以看出，顶光源不仅照射到模特的发丝，还能照射到肩膀、衣服和背景。这次拍摄中，为了让光线也能环绕到背后，把顶部的柔光箱稍微放置在后方，但是如果想进一步提亮背景的话，可以将柔光箱本身的角度朝向后方，也非常有效。反之，如果不想让光线环绕到背后，可以安装消除光源的附件来遮光。

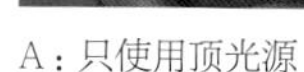
A：只使用顶光源

B：只使用主光源

要点 2

以发丝高光的加入方式为基准，确定顶光源的光量

为了营造出更理想的高光，需要确定顶光源的光量。下面的图例中，与其说是给发丝加入高光，不如说是为了在自然的氛围中呈现出质感，从而降低顶光源的光量进行闪光。

只使用降低后的顶光源（建议光圈值为f/3.5）

降低后的顶光源+主光源

进一步吧！

使用正上方布光的双灯布光

正上方布光既能营造出发丝的质感，还能把脸部拍亮，但是一个闪光灯不管怎么操作，画面都容易欠缺立体感。所以再加入一个闪光灯，可以给画面添加立体感。柔光伞闪光灯作为辅助光从斜侧方照射，营造出立体感。

正上方布光+辅助光
佳能EOS 5D Mark Ⅲ
- 佳能EF 100mm f/2.8L IS USM微距镜头
- 手动曝光（f/4、1/160秒）
- ISO 100
- 5 300K
- 100mm

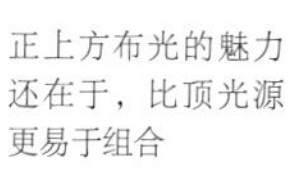

正上方布光的魅力还在于，比顶光源更易于组合

》布光的总结

① 要营造出发丝的质感，使用顶光源非常有效。
② 让顶光源的照射位置偏后，可以把背景也照亮。
③ 以高光的加入方式为基准，确定高光的光量。

→ 第5章

04

加入背光源的美体摄影

这次布光的特征在于，用闪光灯照射背景，使其成为画面表现的重点。这也是肖像写真等摄影中经常使用的技法。

一个柔光箱闪光灯从靠近正面的右斜方照射。左侧搭配使用跳闪板，让光线环绕。一个安装蜂巢罩的闪光灯对准背后，照射聚光灯光源在黑色背景纸上，给画面表现加入立体感

拍摄参数

- 佳能EOS 5D Mark Ⅲ
- 佳能EF 85mm f/1.2L Ⅱ USM
- 手动曝光（f/5、1/160秒）
- ISO 100 ● 5300K ● 85mm

闪光灯的配置和技巧

柔光箱a的尺寸为90cm×120cm，使用的是大尺寸柔光箱，以便能够广泛照射上半身。为了给左肩后方加入光线，搭配使用背后的蜂巢罩闪光灯b，营造出模特与背景之间的立体感。蜂巢罩是10°。建议光圈值是模特左脸颊为f/5.3，背后光源的照射中心为f/5，实际拍摄光圈值是f/5。

a：保富图 D1500 Air
b：保富图 B1500 AirTTL

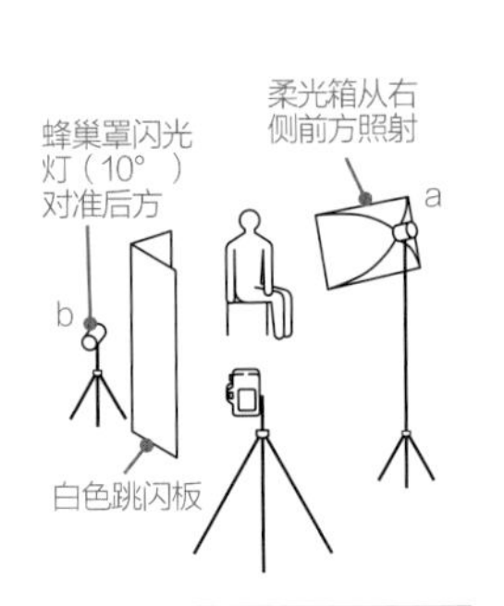

加入自己喜欢的聚光灯光源

使用蜂巢罩闪光灯给背景加入韵味的布光方式在上半身美体摄影中经常使用。给预设点加入光源，使其成为画面的重点。通过多次测试，设定自己喜欢的光量。通过蜂巢罩的度数来调整照射范围。加入聚光灯的位置可以用眼睛通过造型灯来确认效果，使其顺利照射在预设部位。

在上一页的图例中，稍微降低背光源的亮度发出闪光，通过不过度显眼的柔和氛围给背景加入色彩渐变。此次拍摄中，闪光灯从左后方进行聚光照射，如果是上半身摄影，还可以将闪光灯隐藏在拍摄对象正后方的低位，对准模特背后进行照射，来均匀拓宽身体左右的高光范围。

推荐使用作为主光源的大尺寸柔光箱，它在美体摄影中用起来非常便捷，可以大范围地营造出顺滑的质感。如果想在当下场景中切实呈现出发丝的质感，可以尝试加入顶光源，直接给发丝加入蜂巢罩光源。

要点 1

背光源是凸显出表情的精髓所在

照射在背景纸上的背光源的效果在于，可以呈现出拍摄对象的表情，营造出立体感。加入背光源的位置的参考标准是肩线。这样可以从肩部照射到脸部周围，通过跳闪还可以很好地把人物背后提亮。图例B中，以脸部正后方为中心来照射背光源，这样能强调脸部周围，但是跳闪效果比较差。

A：未使用背光源

B：在脸部后面搭配使用背光源

要点 2

黑色背景最适合用来营造出厚重感

总的来说，为了让画面表现中洋溢着厚重感，比如想要拍摄出男性稳重沉静的氛围等，黑色背景+背光源是非常重要的附件。如果想要拍摄出更有魅力更沉稳的氛围，可以尝试拿掉反光板（图例C），也可以给柔光箱装上蜂巢罩（图例D）。

C：无反光板

D：柔光箱+蜂巢罩

进一步吧！

错开柔光箱的内芯也很有效果

描绘强调阴影和富有厚重感的画面时，可以错开闪光灯的内芯进行拍摄。右边的图例中，除了将柔光箱的表面稍微朝向右侧，其他布光方法与上一页的图例中是相同的。人物脸部的左半侧变得较暗，呈现出沉稳安静的氛围。

柔光箱的内芯稍微朝向右侧进行拍摄

》布光的总结

① 背光源既能凸显出的表情，也能表现立体感。
② 通过调整背光源的光量和照射范围、照射朝向等，可以完全改变照片给人的印象。
③ 黑色背景+背光源最适合用来营造厚重感。

→ 第5章

05

加入眼神光，呈现出肌肤的柔和质感

这次的布光方式是多个闪光灯搭配从正面照射，从而最大限度地利用柔光箱的特征来进行拍摄，将肌肤描绘得非常顺滑。

在正面组合搭配不同尺寸的柔光箱进行拍摄。左右和下方各有一个闪光灯，组合搭配在模特的脸部附近，使光线环绕包围，可以让肌肤质感非常顺滑。还能加入明显的眼神光，使模特的眼部周围给人留下更深刻印象

闪光灯的配置和技巧

a、b、c柔光箱的尺寸分别为90cm×120cm、60cm×90cm、30cm×120cm，通过改变大小和形状，可以给眼神光的形状带来变化。使用柔光箱的要点在于从近处照射，可以最大限度发挥其作用。模特两侧放置跳闪板是为了提亮拍摄对象的轮廓。在所有闪光灯照射的情况下，建议光圈值是模特正面为f/6.3，实际拍摄光圈值是f/5.6。

a、b、c：保富图D1 500 Air

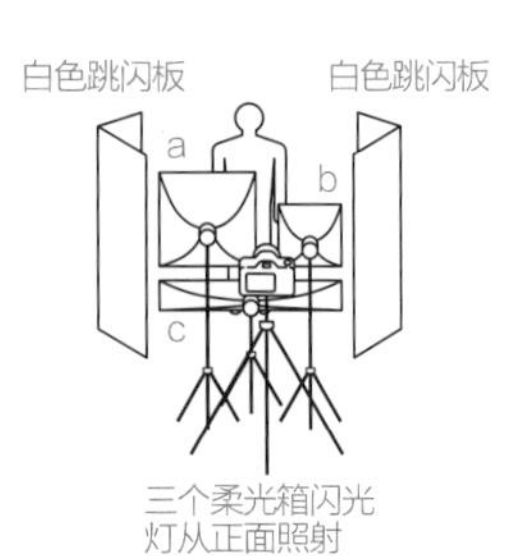

三个柔光箱闪光灯从正面照射

拍摄参数

- 佳能EOS 5D Mark Ⅲ
- 佳能EF 100mm f/2.8L IS USM微距
- 手动曝光(f/5.6、1/160秒)
- ISO 100 ● 5300K ● 100mm

使用柔和的面光源拍摄肌肤

这种布光方法在特写脸部时特别能发挥效果，其特征是在脸部周围搭配使用多个闪光灯。既能最大限度地发挥柔光箱独特的光质效果，又能映入明显的眼神光。这次拍摄布光由三个闪光灯构成，为了给眼睛中加入多个眼神光。如果不拘泥于这个效果，想通过柔和的光质让光线围绕整个脸部，推荐在上下各放置一个大尺寸柔光箱。

同时，也可以在左右各放置一个闪光灯。由于无法直接从下面补足光量，因此要使用大尺寸的柔光箱。这样也可以轻松营造出柔和的光质。只能使用一个闪光灯时，从近处的正上方照射，并在下方使用反光板补充光线，可以描绘出类似于多个闪光灯的画面效果。

这种布光方式也可以考虑搭配使用两侧的跳闪板，用它们对准从正面照射的闪光灯，可以补充身体两侧的光量。使用黑色的跳闪板，既能强调身体两侧线条的阴影，又能增加张弛感。如果想拍摄出沉稳的氛围，建议使用这种方法。

要点 1

调整光量的平衡，改变画面表现性

使用这种布光方式的时候，一旦改变光量的平衡，就可以表现出完全不同的画面效果。图例B中，通过加强右侧闪光灯的闪光，给画面加入高光，使最后描绘的画面富有立体感。图例C中，从下方加强闪光灯的闪光，使肌肤变得明亮，从而营造出轻快的氛围。光量，微调了影子的浓度。

A：三个闪光灯都发出同等光量的闪光

B：右侧的柔光箱加强1/2挡左右进行闪光

C：下方的柔光箱加强1/2挡左右进行闪光

要点 2

如果只想让光线环绕包围，两个闪光灯就足以实现

这次拍摄柔光箱尺寸不同，在脸部左右的明暗对比上也多多少少会出现一些变化

这种布光方式是从相当接近的位置照射柔光箱的光线，因此如果为了获得顺滑质感，使用两个闪光灯也足以进行拍摄。从下面的图例也可以看出，阴影消失，肌肤质感柔和。

只用两个闪光灯从左右照射进行拍摄

进一步吧！

通过柔光反光罩增强明暗对比

如果想稍微增强明暗对比，也可以把一个闪光灯换成柔光反光罩，如右边的图例所示，可以加入恰到好处的张弛感。

使用柔光反光罩调整光量，稍微加强闪光，使最后的画面效果富有张弛感

把一个闪光灯换成柔光反光罩进行拍摄

布光的总结

① 靠近拍摄对象从正面照射。
② 一边留意想要加入的眼神光形态，一边配置闪光灯。
③ 通过光量的平衡，改变画面表现性。

第5章

06 融合柔光与硬光进行拍摄

本节使用的布光方法是以辅助光为基础，使用主光源照射拍摄对象。通过融合各种光源，给光质带来变化。

使用柔光伞和跳闪板从左右两侧照射柔光。拍摄中，从正面使用强力反光罩，照射具有聚光性的光线。由于柔和照射的辅助光的影响，硬光带来的影子会变淡，使画面表现富有透明感。并且使用了吹风机给画面增加动感

拍摄参数

- 佳能EOS 5D Mark Ⅲ
- 佳能EF 24-70mm f/2.8L Ⅱ USM
- 手动曝光(f/8、1/160秒)
- ISO 100 ● 5300K ● 45mm

闪光灯的配置和技巧

直径105cm的白色柔光伞b、c从左右照射在跳闪板上，跳闪回来的柔和光源作为辅助光使用。强力反光罩a从正上方对准上半身进行照射。同时使用柔光和硬光使画面表现富有张弛感。在全光照射下，建议光圈值是模特正面为f/9，实际拍摄光圈值为f/8。

a、b、c：保富图 B1 500 AirTTL

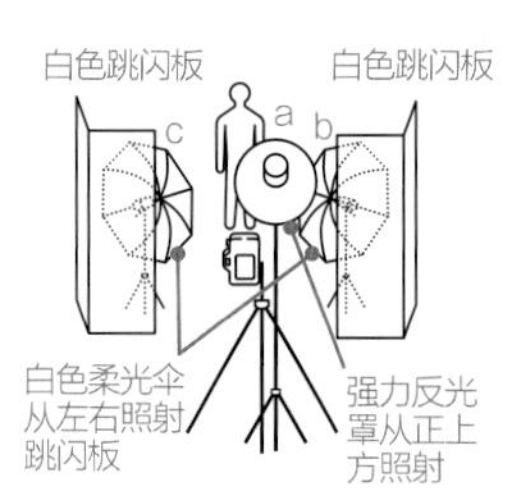

使用三个闪光灯营造出张弛感

这次布光的特征是使用强力反光罩营造出仿佛阳光直接照射一般的光源，在左右两侧加入跳闪光作为辅助光，整体上调整画面到柔和的效果。只用反光罩会给拍摄对象和背景形成影子，所以此处使用辅助光来弥补。既能给肌肤和服装的质感增加张弛感，还能营造出阴影较少的柔和韵味。

这种布光方式是将柔光和硬光以某种比例进行组合搭配，给画面内容带来变化。拍摄中，首先要让每个闪光灯的光量统一为相同数值，测定好曝光，然后进行拍摄。一边观察质感的呈现方式，一边加强或调弱强力反光罩的光量。同时，观察跳闪板和反光罩光线的平衡（比率），既要维持好这种平衡感，又要根据实际想要设定的光圈值逐个调整光量。这种场景下，设定全光为1/1，反光罩光源为1/32，跳闪光分别为1/8。根据布光手法的不同，光量的比率也会发生变化。关于这一点，也要一边确认一边调整。

只使用强力反光罩进行拍摄

只使用左右的跳闪光进行拍摄

要点 1

通过光量的平衡来调整质感

与上一页的图例不同，左边的图例所示是分别使用闪光灯拍摄的。之前是组合使用的，但是如果想要拍摄出阴影清晰、强有力的画面，也可以只使用一个强力反光罩进行拍摄，如果重视柔和质感，也可以只使用跳闪光充分描绘画面。

要点 2

让模特靠近背景进行拍摄
佳能EOS 5D MarkⅢ
● 佳能EF 85mm f/1.2L Ⅱ USM
● 手动曝光（f/5.6、1/160秒）
● ISO 100
● 5300K
● 85mm

也要多留意与背景之间的距离

如这次布光一样使用面光源照射大范围时，推荐让拍摄对象靠近背景进行拍摄。这样可以缩小身前和内侧的曝光差，提亮背景，增加轻快的感觉。

进一步吧！

由4个闪光灯构成，没有加入强力反光罩。相比使用柔光伞，肌肤质感稍稍偏硬

光源直接照射跳闪板进行拍摄

从营造广泛面光源的意义来说，有一种方法是如右边图例一般，光源直接照射跳闪板。这就是墙面跳闪。虽然光质会变得稍稍偏硬，但可以轻松灵活地进行组合搭配，作为辅助光使用也非常方便。

闪光灯直接照射跳闪板进行拍摄
佳能EOS 5D MarkⅢ ● 佳能EF 85mm f/1.2L Ⅱ USM ● 手动曝光（f/8、1/160秒）● ISO 100 ● 5300K ● 85mm

布光的总结

① 使用辅助光消除硬光的影子，减弱光源的单调感。
② 要留意背景和闪光灯之间的距离。
③ 面光源有各种各样的营造方式。

→ 第 5 章

07 使用彩色滤镜拍摄非现实的照片

彩色滤镜不仅能调整色温，也可以在画面中反映个性化的色调，使其成为富有魅力的画面重点。

使用影室的化妆间进行拍摄。这样的场地也可以作为极佳的摄影背景得到充分使用。布光是由三个闪光灯构成的。使用蜂巢罩营造明暗差。重点是背光源，通过装上红色滤镜给整体背景加入红色，营造出富有想象力的氛围

闪光灯的配置和技巧

从身前左侧45° 位置使用装有20° 蜂巢罩的银色柔光反光罩a组成主光源，从右后侧使用10度的蜂巢罩光源b进行照射。装有红色滤镜的闪光灯c从左后方对准左侧的墙壁。为了调整照射范围，使用了长焦反光罩。在全灯照射的情况下，建议光圈值是模特左脸颊为f/5.6，脸部右侧为f/6.3，墙壁高光部分为f/6.3，实际拍摄光圈值为f/5.6。

a：保富图 D1 500 Air
b、c：保富图 B1 500 AirTTL

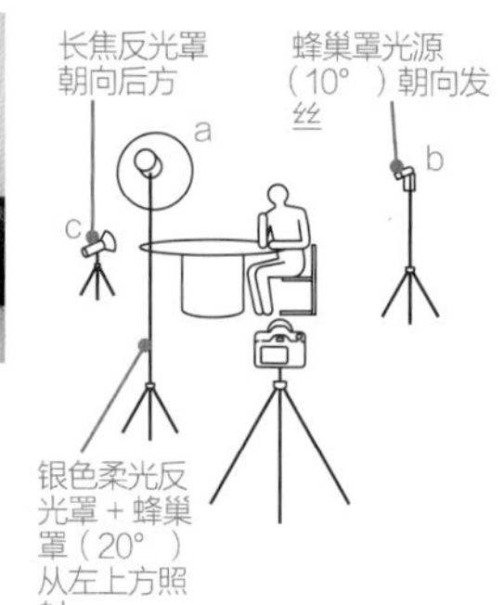

拍摄参数

- 佳能EOS 5D Mark Ⅲ
- 佳能EF 24-70mm f/2.8L Ⅱ USM
- 手动曝光(f/5.6、1/160秒)
- ISO 100 ● 5600K ● 52mm

使用照射范围较窄的光源进行拍摄

这次布光的显著特征在于明暗对比强，让人留意到清晰的质感。通过把装有蜂巢罩的银色柔光反光罩作为主光源使用，寻找阴影的加入方式，之后通过使用照射范围较窄的蜂巢罩光源，凸显出暗部以便呈现出右半身的轮廓。如果在此处想要呈现出阴影更强的最终画面效果，可以拿掉右后方的一个闪光灯。

拍摄背景中有书架，因此尝试使用装有彩色滤镜的背光源，这样比使用白色背景更有效果。只通过滤镜的数量就可以增加背景色的多样性。需要引起注意的一点是造型灯。如果不是LED类型，滤镜就会融入其中。如果是不能对应使用在LED上的闪光灯，就取消使用造型灯吧。

背光源中使用长焦反光罩来控制光线，让光线不会环绕照射到前面的人物。如果即便使用了滤镜，光线还是会漏照到人物身上，可以在前面放置木棉板，用于消除光晕。

要点 1

A：只使用主光源

B：主光源+滤镜光源

C：主光源+滤镜光源+背光源

逐个加入闪光灯，丰满画面感觉

如右边图例所示，配合主光源逐个使用闪光灯给拍摄对象加入光源，这种照射范围较窄的光源可以顺畅描绘出画面。与扩散光不同，这样做很容易看出每个灯的作用，限定好画面范围。这种拍摄中比较重要的还是主光源。首先尝试使用一个闪光灯去充分描绘画面，然后以弥补主光源的形式，加入多个其他闪光灯。

要点 2

如果想要提高色彩浓度，也可以叠加使用多个滤镜。但是，有的时候就算叠加彩色滤镜也不太出效果，因此需要确认这种情况

主光源+滤镜光源+背光源（装有红色滤镜）

彩色滤镜也会影响曝光

使用彩色滤镜的时候，色彩浓度越高，越无法拍得明亮，画面会变得曝光不足，色彩的扩散能力也会变弱。左侧的图例中，图例C是使用红色滤镜拍摄的，极大地降低了背光源的光量，减弱了红色。使用高浓度彩色滤镜的时候，也要牢记这个特征。另外，绝对不要发出过强的闪光，这样反而会让色彩变淡。

进一步吧！

也可以试着用彩色滤镜照射人物

与上一页的图例不同，右边的图例中给右后方的蜂巢罩光源也装上了彩色滤镜。使人物发丝和脸颊、鼻头上呈现出红色，从而拍摄出完全不同的画面。

给背光源和蜂巢罩光源装上滤镜

布光的总结

① 照射范围较窄的光源使用起来比较方便。
② 使用彩色滤镜可以轻松改变背景色。
③ 使用色彩浓烈的彩色滤镜的时候，需要强化光量。

第5章

08 利用背景曝光过度拍摄的全身肖像照

背景曝光过度是指提亮背景使其曝光过度的布光方式。想要消除背景的时候，使用这种方式很方便，很多时候也被用在人物侧画像摄影等。

两个闪光灯分别从左右两侧对准人物背后进行闪光，提亮背景。主光源是一个从靠近正面的左斜处照射的柔光伞，在右侧放置跳闪板补充光量。通过柔光箱营造出顶光源，呈现出发丝质感

拍摄参数

- 佳能EOS 5D Mark Ⅲ
- 佳能EF 24-70mm f/2.8L Ⅱ USM
- 手动曝光(f/8、1/125秒)
- ISO 100 ● 5300K ● 50mm

闪光灯的配置和技巧

主光源的大尺寸白色柔光伞a为直径130cm，将其内芯调到模特腹部附近，来均匀提亮模特全身。柔光箱b的尺寸为60cm×90cm。背后组合使用的4个白色柔光伞c、d、e、f直径为85cm。在模特身前放置光晕消除板，对准背景中心进行照射。在全灯照射的情况下，建议光圈值是模特正面f/9，顶部f/10，背景中心f/13。实际拍摄光圈值是f/8。

a、c～f：保富图 D1 500 Air
b：保富图 B1 500 AirTTL

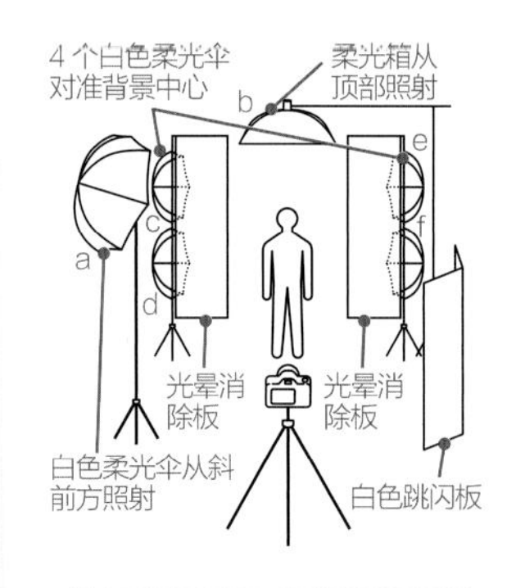

要注意拍摄对象前部，不要出现漏光现象

这次拍摄使用的是比较典型的加入背景曝光过度效果的技法。使用主光源和顶光源，将闪光灯对准拍摄对象背后照射，可以提亮整体背景，使其曝光过度。此时在左右两侧上下各组合放置两个柔光伞闪光灯，从上到下进行调整，使光线环绕整体背景。为了实现背景曝光过度效果，也可以采用不适用柔光伞直接照射拍摄对象背后的方法，和左右各由一个闪光灯构成的方法，但是如果想拍摄全身的话，推荐采用4个柔光伞的闪光灯，比较便于让光线环绕流动。

使用背景曝光过度的时候需要注意的是漏光现象。在背景曝光过度中如果不放置光晕消除板的话，来自背后的光线就会直接反射在前部的拍摄对象上。同时，拍摄对象与背景之间的距离也非常重要。即便拍摄对象很靠近背景，也会出现漏光现象。使用背景曝光过度效果时，需要具有一定纵深的拍摄场地。拍摄全身时，让光晕消除板下稍微存在一点缝隙，可在消除光源时尽可能地消除分界线的影子。只拍摄上半身时，也可以使用跳闪板。背景曝光过度是一种适用范围很广的布光方法，可以将其作为一种典型例子记在脑海中。

要点 1

从每个闪光灯的效果来确认光线平衡

将主光源（图例A）的闪光灯内芯对准模特腹部，对其进行调整，尽可能使模特从头部到脚部能够照射到均匀的光线。顶光源（图例B）稍微往后放置，以使其不会给脸部加入直接光线。确定主光源的光量时，使其能够照亮1/3左右的发丝顶部。背景曝光过度（图例C）与仅使用主光源相比，设定时提亮了一个级别。

如图所示，顶光源的内芯稍微错开，置于后方

A：只使用主光源

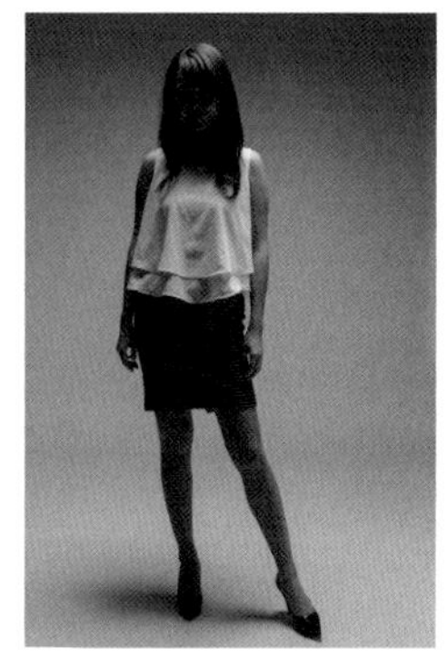

B：只使用顶光源

C：只使用背景曝光过度

要点 2

背景曝光过度时，多留意漏光现象

下面的图例中，模特身体的曲线和右脸颊出现了高光，这是背景曝光过度导致的漏光。模特的身前也出现了影子，从中也可以看出所使用光源的强度。

背景曝光过度中的光源消除可以使用黑色印刷纸等。如果是在影室中，只要说需要“背景曝光过度的光晕消除板”，工作人员会准备

不使用光晕消除板进行摄影

进一步吧！

此处取掉了柔光伞，4个闪光灯直接对准背景照射，通过两块跳闪板反射光线

只使用背景曝光过度效果的光源，营造出逆光光线

右边的图例是只使用背景曝光过度效果的光源拍摄的照片。通过模特前部的跳闪板利用好从后面反射回来的光线。这种布光方式可以营造出如同室外运用逆光拍摄的质感。

只使用背景曝光过度效果的光源进行拍摄
佳能EOS 5D Mark Ⅲ ●佳能EF 100mm f/2.8L IS USM微距 ● 手动曝光（f/8、1/125 秒）●ISO 100 ●5 300K ●100mm

布光的总结

① 背景曝光过度效果是与光晕消除板组合使用的。
② 背景虚化效果的设置标准是比主光源要亮一个级别左右。
③ 反射回来的光源也可以描绘画面重点。

→ 第5章

09 通过组合简单的背景曝光过度和硬光源来进行拍摄

拍摄上半身采用背景曝光过度效果时，也可以使用一个闪光灯来实现。本节将介绍双灯带来的组合光的范围效果。

不安装其他附件，使用闪光灯从正面左侧直接照射。这样质感会变得过硬，因此把柔光伞作为辅助光从正上方照射。背景曝光过度的时候，闪光灯要从拍摄对象顶部对准拍摄对象背后照射，一边确认照射范围，一边进行调整

拍摄参数

- 佳能 EOS 5D Mark Ⅲ
- 佳能 EF 24-70mm f/2.8L Ⅱ USM
- 手动曝光(f/10、1/160秒)
- ISO 100 ● 5300K ● 55mm

闪光灯的配置和技巧

柔光伞a的直径是130cm，能够照射到膝盖上部的较广范围。在背景曝光过度效果中，使用广焦反光罩c。直接照射的主闪光灯b给模特的整体脸部加入较强的高光，为了描绘出具有冲击力的画面，稍微降低其高度，调整到180cm。全灯照射的状态下，建议光圈值是模特正面f/11，脸部正后方的背景f/16，实际拍摄光圈值是f/10。

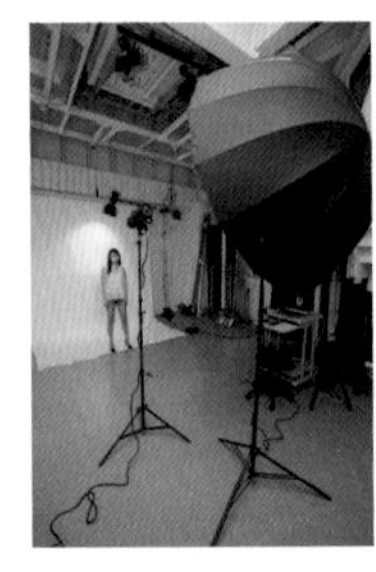

a～c：保富图 D1 500 Air

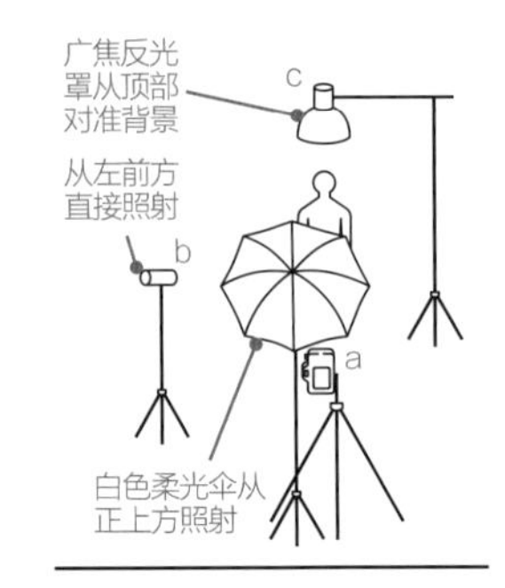

使用硬光描绘出明亮而时尚的画面

这次拍摄中，照射拍摄对象的主光源和第5章第6节中相同，是混合了柔光和硬光的混合光，但这次拍摄的画面表现偏硬。不使用附件，将拍摄对象前部的一个闪光灯从低处直接照射，提亮脸部周围，从而拍摄出更加张弛有度的质感。最后加入背景曝光过度效果，拍出具有明亮透明感的照片。

可以先将柔光源（柔光伞）和硬光源（直接照射）统一设定为相同光量，之后再进行调整。在这次拍摄中，前后移动直接照射的一个闪光灯，来微调明暗对比和影子的呈现方式等。通过测试双灯闪光效果，可以根据自身喜好调整到更加直观的色调。也可直接参考建议值设定好曝光进行摄影。光量方面，全闪光为1/1，反光罩光线为1/8，柔光伞光线为1/4，进行组合使用。

在背景曝光过度效果中使用的广焦反光罩具有一定深度，因此拍摄对象前部很难出现漏光现象，能够均匀提亮较广范围，所以很适合用在背景曝光过度效果中。如果是拍摄上半身到膝盖上方，使用一个闪光灯足矣。

要点 1

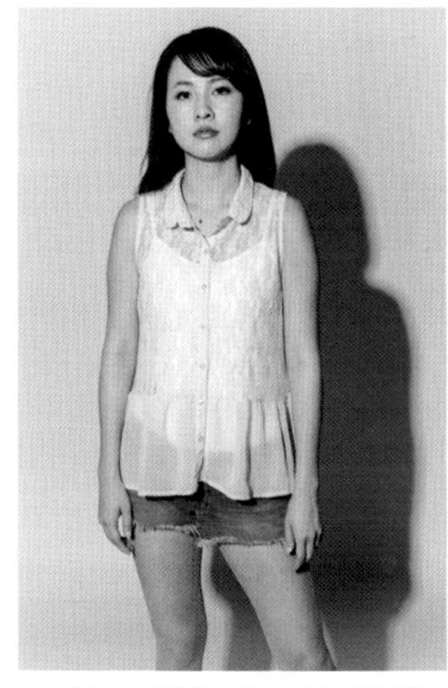

A：只使用直接照射的一个闪光灯进行拍摄（建议光圈值为f/11，进行光量调整，实际拍摄光圈值为f/10）

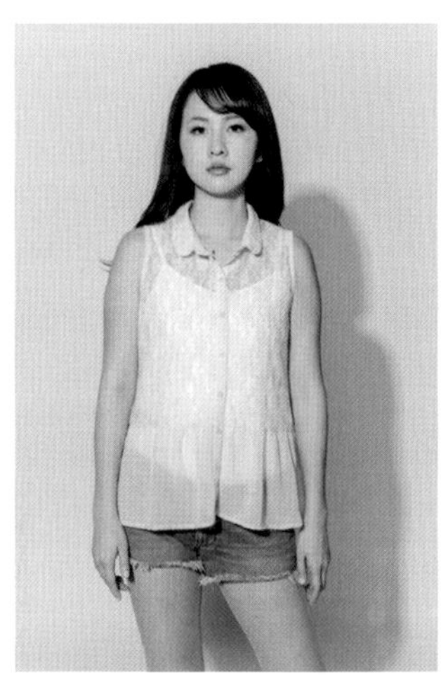

B：直接照射+柔光伞，双灯组合进行拍摄（与上一页图例不同，未使用背景曝光过度效果进行摄影）

不适用附件表现硬光质

这种布光方式的显著特征在于，不使用附件直接照射主要的硬光源。观察图例A可以看出，背后的影子十分明显清晰，明暗对比也很显著。在此加入辅助光，调整质感和影子的浓度（图例B）。

进一步吧！

改变光量平衡，增加表现范围

这种布光方式也是通过光量的平衡和组合搭配方法，给画面表现带来多样性变化。比如，降低背景曝光过度的光量，使背后的影子逐步浮现（图例D）。如果想呈现硬光质的画面表现，如图例E那样，可以使用直接照射的一个闪光灯+背景曝光过度这种简单的组合方式。此处只降低了直接照射的闪光灯的一半光量，稍微将模特拍暗，从而使画面表现具有厚重感。

D：降低背景曝光过度的光量进行拍摄（建议光圈值：脸部正后方的背景f/8）

E：直接照射的一个闪光灯+背景曝光过度（建议光圈值：脸部正面f/9，脸部正后方的背景f/16）

※所有拍摄参数均与上页的图例相同

要点 2

确认照射范围的同时，加入背景曝光过度效果

通过一个闪光灯实现背景曝光过度效果时，重点在于一边认真确认照射范围，一边调整配置。比如，从过低位置闪光的话，会出现图例C中所示的凹凸不平。

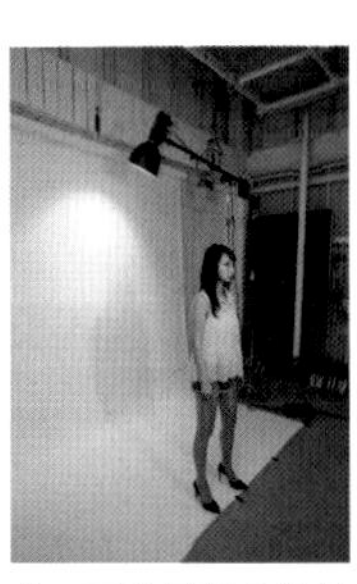

上一页的图例中使用的背景曝光过度，是从210cm的高度发出闪光

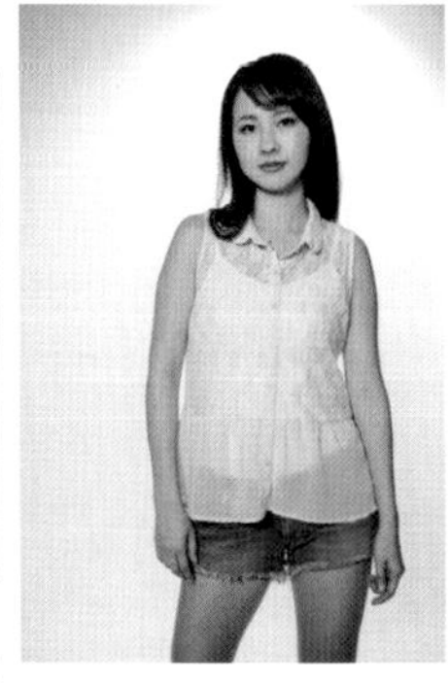

C：降低顶部的反光罩进行拍摄

布光的总结

① 通过直接照射来营造硬光也十分有效。
② 拍摄上半身的话，使用一个闪光灯也能呈现出背景曝光过度效果。
③ 通过三个闪光灯的光量平衡，可以享受到丰富多样的画面描绘之乐。

→ 第5章

10

仅用聚光灯拍摄肖像照

在此次拍摄中，使用多个常作为辅助光使用的聚光灯光源，试图营造出富有戏剧性的画面效果。通过逐步补充光线来组建画面。

全部灯光由4个闪光灯组成。一个长嘴灯罩对准脸部照射，另外使用3个蜂巢罩闪光灯照射发丝、手腕、连衣裙周边等处来弥补暗部的光线。画面表现富有冲击力，具有聚光灯光源独特的浓厚阴影

拍摄参数

- 佳能EOS 5D Mark Ⅲ
- 佳能EF 24-70mm f/2.8L Ⅱ USM
- 手动曝光（f/5、1/160秒）
- ISO 100 ● 5300K ● 45mm

闪光灯的配置和技巧

长嘴灯罩a在搭配使用中稍微离远一点，以便光线能够照射在脸部和上半身。通过20°的蜂巢罩c弥补沙发和下半身的光量，并且用5°的蜂巢罩b对准发丝和模特身前的地板照射。一个闪光灯d对准地板使用跳闪光，起到补足腿部和沙发光量的作用。在全灯照射的状态下，建议光圈值是模特左脸颊f/5，实际拍摄光圈值也是f/5。

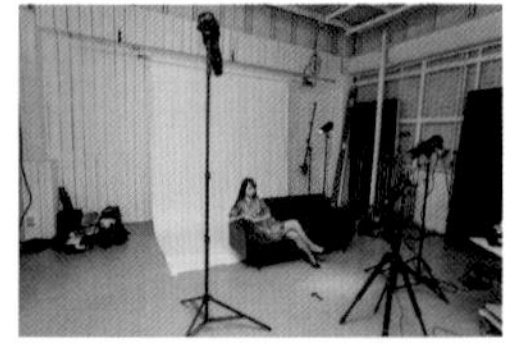

a：保富图 B1 500 AirTTL
b、c、d：保富图 D1 500 Air

蜂巢罩闪光灯（5°）从后方对准发丝

蜂巢罩闪光灯（20°）对准沙发和下半身

a

b

c

d

长嘴灯罩从左上方对准上半身照射

蜂巢罩闪光灯（5°）对准模特身前的地板

通过聚光灯光源增加光线来描绘画面

这种布光方式的特征是逐渐补充光线，摸索出自己中意的画面表现。使用照射范围较窄、易于控制的聚光灯光源，照射拍摄对象来描绘画面。第5章第7节中也使用窄范围的光源，营造出浓厚阴影的画面，但是这次使用的布光方式可以让光线照射更有针对性，使最终画面的表现更强有力。

这次拍摄通过长嘴灯罩和蜂巢罩闪光灯进行画面创作，也可以单独使用长嘴灯罩或蜂巢罩来拍摄。这里因为不想让脸部的明暗对比过于明显，所以启用长嘴灯罩作为主光源。同时，通过蜂巢罩光源的网眼度数可以轻松改变照射范围，在这种拍摄场景中便于使用。使用长嘴灯罩时，可以通过闪光灯的放置距离来控制照射范围。

模特背后类似于背光源的光线来源于长嘴灯罩。在这次拍摄中，没有直接在背后加入光线，而是使用长嘴灯罩从模特前面上方对准其进行照射，让光线环绕在模特背后。

要点 1

发挥每个闪光灯的作用，控制好光线

图例A中仅使用了长嘴灯罩，可以看出模特背后也有光线流动环绕。图例B中是光线对准模特的下半身照射，图例C中是光线进一步对准模特身前的地板照射，通过跳闪光从下方开始逐渐引导出暗部。图例D是最终成型作品。为了既能给发丝加入高光，又能让表情更加醒目，稍微调弱闪光灯b的光量，这样沙发和手腕的高光就消失了。

A：只使用闪光灯 a（长嘴灯罩）

B：闪光灯 ab

C：闪光灯 abc

D：闪光灯 abcd

要点 2

多留意脸部和身体的朝向，通过造型灯确认效果

如前所述，一旦拍摄对象发生移动，聚光灯光源就无法照射到预先瞄准点上。右边的图例中，虽然只是脸部稍微朝下，但是阴影的出现方式发生了明显变化。因此要告知模特千万不要动。

改变脸部朝向进行拍摄

进一步吧！

享受黑白照片的表现乐趣

这种布光方式可以营造出聚光灯光源一样的明暗差，非常适合拍摄黑白照片。通过将照片黑白化，可以戏剧性地强调出高光和阴影之间的明暗差。

拍摄后使用图像编辑软件进行黑白化

»» 布光的总结

① 聚光灯光源可以让人享受到强明暗差的画面表现。
② 由于照射范围较窄，要切实固定好模特的脸部和身体的位置。
③ 通过造型灯一边确认照射的部位，一边进行拍摄。

→ 第5章

11 利用来自身后的穿透光拍摄肖像照

本节介绍的布光方式可以营造出具有透明感色调的背景。半乳白色的亚克力板和彩色滤镜，适于营造这种效果。

上下放置两个柔光箱闪光灯，在稍微靠近正面的左斜方位置进行照射。在右侧加入跳闪板，使用柔和光质来拍摄拍摄对象。背景方面，使用两个覆盖蓝色滤镜的闪光灯，使其穿过半乳白色亚克力板照射背景。最终可以呈现出具有透明感的蓝色背景

拍摄参数

- 佳能EOS 5D Mark Ⅲ
- 佳能EF 100mm f/2.8L IS USM微距
- 手动曝光（f/8、1/160秒）
- ISO 100 ● 5300K ● 100mm

闪光灯的配置和技巧

模特前部的柔光箱a、b的尺寸分别为90cm×120cm、30cm×120cm，通过改变尺寸大小，可以给眼神光带来变化。背景的半乳白色亚克力板为恰好可以覆盖上半身的尺寸。装有彩色滤镜的闪光灯c、d在左右两侧改变高度进行组合搭配，使蓝色的浓度呈现出差异。在全灯照射的状态下，建议光圈值是模特左脸颊f/9，实际拍摄光圈值是f/8。

a、b：保富图 D1 500 Air
c、d：保富图 B1 500 AirTTL

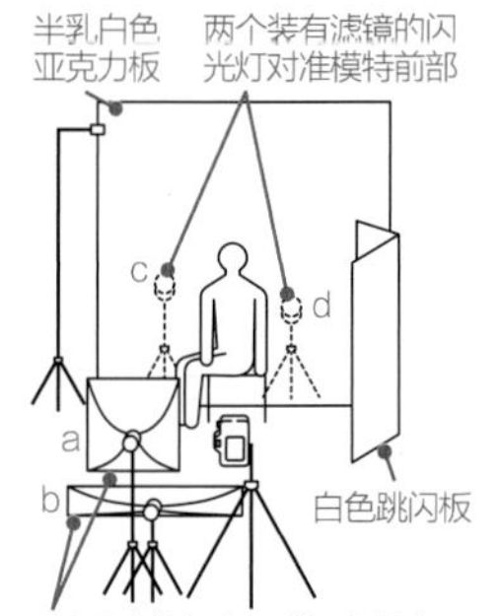

通过半乳白色亚克力板塑造出具有透明感的背景

到目前为止，介绍了诸多使用闪光灯给背景色彩增加重点的拍摄技法，但是真正能够营造出具有透明感的光质，并呈现出背景色效果的方法，是使用半乳白色亚克力板和彩色滤镜进行布光的特征所在。相比给彩色背景纸加入背光，这种方法更便于自由调整色彩的浓度，通过使用多个不同色彩的彩色滤镜还可以使背景呈现出丰富多彩的最终效果。其魅力还在于，即便是从正后方对准拍摄对象照射，光线也比较不容易穿漏到拍摄对象前方。半乳白色亚克力板虽然是一种经常与柔光板同时使用的附件，但是也可以像前面说的那样使用。

作为主光源使用的两个柔光箱搭配使用相同的闪光量，尽可能均匀地照亮上半身左侧。这比使用一个闪光灯，光线更加稳定，可以环绕照射到更广泛的范围。此处还在右侧放置跳闪板，以此带来暗部，这样不仅能呈现出恰到好处的立体感，还能营造出明亮的氛围。用两个柔光箱闪光灯从斜侧面照射的布光方式在用于拍摄上半身时，格外便捷。

要点 1

组合搭配使用时也要留意与背景之间的距离

图例A中，左侧背景略显明亮，右侧背景带有阴影。这意味着柔光箱的光线会影响背景。上一页的图例中，左侧背景之所以略显明亮不仅是因为改变背后两个闪光灯的配置带来的效果，还受到柔光箱光线漏射到半乳白色亚克力板上的影响。要让背景与拍摄对象之间保持一定距离，主光源导致的影响会逐渐消失。

A：仅使用模特前部的柔光箱进行拍摄

进一步吧！

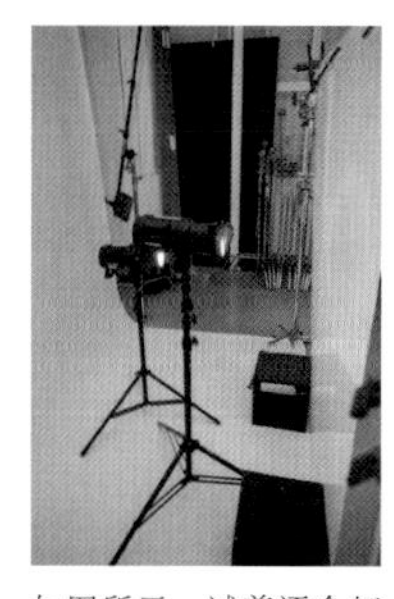

如图所示，试着逐个灯改变滤镜的颜色进行拍摄，也非常有趣味

将闪光灯c的彩色滤镜换为红色进行拍摄

使用不同色彩的彩色滤镜，拍摄出多彩作品

如果配置多个闪光灯作为背光源，还可以尝试改变彩色滤镜的颜色。一边组合使用各种颜色，一边在多彩的背景色下进行拍摄。轻松实现这种画面表现，也是这种布光方法的显著特征。

要点 2

通过背光源的位置和光量来微调色彩浓度

如果希望调整背景色，可以改变背光源的位置和光量。具体来说，背光源离亚克力板越远，色彩越能扩散到周围。并且，光量越强，越会出现高光，色彩浓度越淡。通过进行微调，可以拍摄出如图例B和图例C一般有不同韵味的照片。

B：相对于上一页的图例，仅将闪光灯d增强一个级别光量进行拍摄

通过背光源的位置和光量来微调色彩浓度

如果希望调整背景色，可以改变背光源的位置和光量。具体来说，背光源离亚克力板越远，色彩越能扩散到周围。并且，光量越强，越会出现高光，色彩浓度越淡。通过进行微调，可以拍摄出如图例B和图例C一般有不同韵味的照片。

C：在拍摄对象正后方的上下处并列放置两个背光源进行拍摄

布光的总结

① 使用亚克力板带来的穿透光可以营造出具有透明感的背景色。
② 主光源的环绕加入也会影响背景色的浓度。
③ 背景色的浓度可以通过具体的背光源距离和光量来进行调整。

→ 第5章

12 在身体两侧加入高光进行布光

拍摄肖像照时，给左右两侧加入高光，可以呈现出独特的立体感。本节将介绍使用条形柔光箱来营造这种效果。

装有蜂巢罩的白色柔光反光罩从正前上方进行照射。左右后方放置条形柔光箱，给身体两侧线条加入高光，营造出立体感。背光源照射背景，使其成为画面重点

拍摄参数

- 佳能EOS 5D Mark Ⅲ
- 佳能EF 24-70mm f/2.8L Ⅱ USM
- 手动曝光（f/5.6、1/160秒）
- ISO 100 ● 5300K ● 55mm

闪光灯的配置和技巧

主光源a用来呈现出聚光灯光源的感觉。后方的柔光箱b、c的尺寸都是30cm×180cm。背光源d位于拍摄对象下方，从看不到的位置朝向上方，没有安装蜂巢罩。在全灯照射的状况下，建议光圈值是模特正面f/5.6，脸部两侧f/8，背景高光部分f/8。实际拍摄光圈值是f/5.6。

a、b、c：保富图 D1 500 Air
d：保富图 B1 500 AirTTL

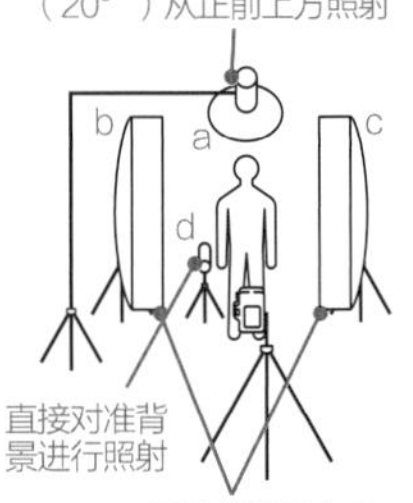

多关注左右两侧高光的进入方式

如果想要拍摄出强烈而具有冲击力的肖像照，可以尝试使用闪光灯从拍摄对象左右两侧照射的布光方法。给身体左右两侧加入高光，可以营造出独特的立体感。此次拍摄中使用便于控制照射范围的条形柔光箱，也可以使用柔光伞，尤其推荐使用银色柔光伞，给画面加入富有张弛感的高光。另一方面需要注意，柔光伞的光线会很容易环绕照射到背后（尤其是白色柔光伞）。这时可以通过离开背景一点距离、放置光晕消除板来减轻这种光线的环绕加入。

这次拍摄中，还在后方稍远处加入柔光箱，来控制高光的范围。如果希望拓宽这个范围，可以将闪光灯组合放置在左右正斜方，仿佛把拍摄对象夹在其中一般。从正上方照射的装有蜂巢罩的柔光反光罩发挥的效果与第4章第9节中一样。通过缩小照射范围，降低胸部以下的光量，以此实现富有戏剧感的画面效果。如果希望拍摄出稍微明亮一点的氛围，可以试着取掉蜂巢罩，从而拓宽照射范围，将全身拍亮。

要点 1

从每一个灯的效果来确认画面表现的内容

上一页的图例是由右边图例这样的布光来构成的。观察闪光灯从左右后方照射的图例B，可以很好地明白高光的呈现方式，这种柔光箱的配置方式是为了不给眼睛过度加入高光。还要根据布光方式来选择背景纸。如此次拍摄的明亮曝光过度场景中，推荐使用深色的背景纸，这样更易于凸显出色调渐变感。

A：仅使用闪光灯a进行拍摄

B：仅使用闪光灯bc进行拍摄

C：仅使用闪光灯d进行拍摄

要点 2

用取掉柔光反光罩的蜂巢罩进行拍摄

进一步吧！

只通过一侧的高光营造出自然氛围

此次拍摄中，从左右两侧加入高光，营造出立体感，但是如果希望呈现出稍微自然一点的氛围，可以使用左右任意一侧闪光灯进行闪光的布光方法。如右图所示，高光和阴影可以给画面增加自然韵味。

取掉闪光灯c进行拍摄

如果想在明亮的氛围下进行拍摄，可以取掉蜂巢罩

如上图所示，取掉蜂巢罩后，可以拓宽照射范围，从而强调出柔和的氛围。身体左右两侧加入的高光给人的印象也减弱了，变得具有透明感。并且其关键点还在于，这种场景下，光线还能扩散到拍摄对象背后，背景本身也会被拍亮。如果希望仅使用背光源的光线照射背景纸，可以加大拍摄对象与背景之间的距离进行拍摄。

》布光的总结

① 在拍摄对象后方两侧加入闪光灯可以营造出独特的立体感。
② 充分利用蜂巢罩+柔光反光罩所带来的点光源。
③ 背景纸的色彩要根据布光内容选择深浅。

→专题

4 诸多的布光手法

布光手法多种多样，在此补充介绍前面没有提及的三种布光手法。

要多加研究可能实现的布光效果

在布光中没有正确答案。不要被现有的技法所束缚，可以通过不断试错来寻找到自己喜好的布光方式。场景1中的箱体是把柔光伞等附件中装入到箱子里而创造出的大面积面光源。由于被箱子所包围，光线不易环绕照射到周围，在阴影方面比较容易控制。场景2中，将闪光灯放置在紧靠拍摄对象背后的位置，有意营造出强烈的逆光效果。如果手持拍摄，光线的乱反射会发生诸多变化。场景3中，从背景纸的对面照射闪光灯，这种布光可以给背景色增加色调渐变感。第5章第11节使用半乳白色亚克力板的例子中，也可以轻松使用这种方法。

场景1

使用箱体进行拍摄

箱体的布光方式是指使用跳闪板等制造出箱子，在其中放入柔光伞等，并盖上透写纸，可以营造出柔和的大面积面光源进行拍摄。如同这次拍摄一样，在上下都创造出这种布光效果，可以将拍摄对象从头到脚都拍摄得均匀明亮。

此处使用箱体从左侧45°角处照射，并通过从右后方照射的条形柔光箱给落下暗部的身体右侧加入高光

箱体中是如图所示的状况，下部是可动式的，可以自由变更布光方式

场景2

营造出逆光

这种布光方式是将闪光灯放置在离画面将入未入的地方，将其朝向相机一侧进行照射。其特征是会出现强烈的反射光斑，通过闪光灯的转动方式可以营造出各式各样的逆光源光线。

朝向此处的闪光灯是强力反光罩，这样可以控制照射范围。从正上方照射的是柔光反光罩，在背后加入蜂巢罩光源

场景3

从背后照射闪光灯

闪光灯从背景纸的后面照射，增加画面重点。虽然无法营造出如同半乳白色亚克力板一般的透明感和配色，但是其魅力在于可以轻松进行尝试。使用颜色较深的背景纸带来的效果适用于各种场景。

照射背景纸的闪光灯装有蜂巢罩，来限定照射范围，给画面加入高光。主光源是柔光反光罩。将跳闪光作为辅助光从左右前方照射

→ 第 6 章

6

实践篇 拍摄静物时的闪光灯布光

静物拍摄（拍摄物品）与肖像拍摄相比，包括器材在内，布光的组合方式存在明显差异。本章将从料理到发光物体等拍摄题材，具体介绍七个场景，来认识布光手法带来的效果差异。

· 拍摄参数内的焦点距离为以 35mm 换算。

→ 第6章

01 拍摄物体时的准备和附件

在静物拍摄和肖像拍摄中，布光的组合搭配方式存在明显差异。本节将介绍拍摄前的准备和静物拍摄中使用的附件。

组合搭配背景纸的流程

下面来看一下最正规的背景纸组合方法。

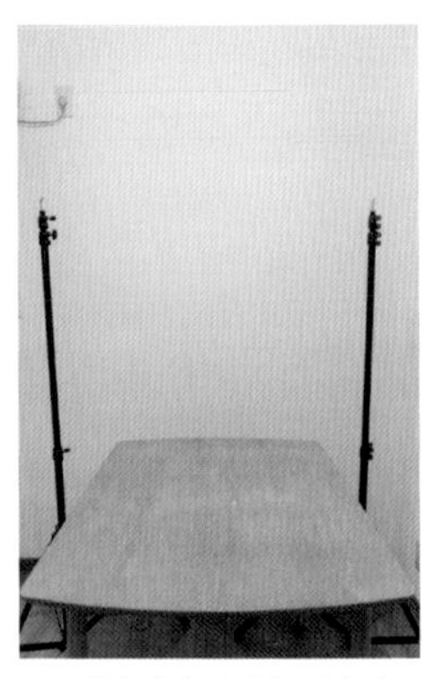

要稳固切实安置好灯脚架

如果不好好安置灯脚架的高度，就无法顺利与背景纸进行组合使用。组合使用的时候，要把两个灯脚架并排放置来调整高度，打开灯脚架支脚的时候，可以靠近后进行打开，这样能很好地调整左右两侧的开合情况。

1 将灯脚架立在摄影台上

首先将两个灯脚架仿佛夹住摄影台一样立起来。这里使用的是一般的桌子，在静物拍摄中很多时候会做一个摄影台，就是在被称为“组合管”的脚架上放置平面框。

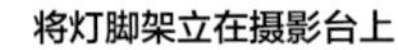

2 组合使用挂杆

这是用于垂挂背景纸的挂杆。如果是圆桶形的背景纸，可以将桶芯穿在挂杆上进行组合。

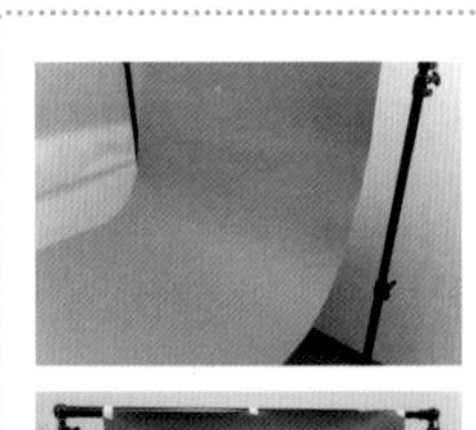

将背景纸弯曲到半圆形

其要领和影室的白色背景布一样，要让背景的界限变得平滑，不明显。

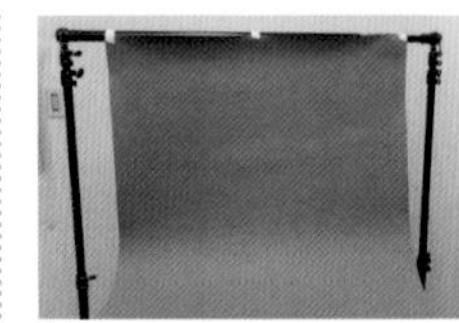

检查挂杆是否发生倾斜，前后是否错位

如果不好好搭配使用背景纸，会在背景上出现褶皱。图中所示就是灯脚架前后发生错位的例子。

3 安装背景纸

如图所示将背景纸弯曲，进行组合安装。安装时一般使用胶条或夹子来固定粘贴背景纸。

搭配使用背景纸进行拍摄

使用背景营造材料，搭配黑色印刷纸作为背景进行拍摄。这样即便是富有纵深感的构图，在摄影中也没有问题。通过将背景纸营造出半圆形，也不会出现与背景之间的界限。

多留意物体拍摄时的摄影风格，展开准备工作

拍摄物体时，一般都是将商品放置于摄影台上，然后准备背景纸。影棚拍摄中也需要准备背景纸，首先要在室内营造出与此相似的拍摄环境。如果不需要营造出纵深感，可直接将背景纸铺在摄影台上；想要营造出纵深感时，直接将背景纸贴在墙壁上，就可以进行拍摄。但是，如果需要频繁进行物体摄影，最好有相应的专用组装器材。即便没有墙壁，也可以准备背景纸与柔光板一起组装使用，从而飞跃性地拓展布光幅度。

在物体摄影中的常用附件也与肖像摄影有所不同。由于常常需要细腻地让光线环绕或阻断，因此拥有组装器材使用的吊杆、吊杆、夹子等，会非常方便。同时，为了固定拍摄对象，经常用到橡皮泥和亚克力板等。不管哪一样物品，都未必需要使用市场上售卖的东西。反光板可以自己制作，事先准备好若干个自己中意的尺寸，摄影时会显得十分方便。

拍摄基本做法是使用三脚架，运用直接与计算机连接的程控摄影，从而可以一边仔细确认构图和布光的细节，一边进行拍摄。

将背景纸直接贴在墙壁上

如果没有背景纸专用的挂杆，也可以直接贴在墙壁上。这样虽然很方便，但是没有墙壁时自然就无法操作了。

如果无法营造出纵深感，也可以水平放置

如果无法营造出富有纵深感的构图来拍摄，一般会将背景纸铺在拍摄对象下方，并不一定需要营造出半圆形弧度悬挂。

物体拍摄中需要的附件

相较于肖像拍摄，物体拍摄中使用的专门器材在数量上具有压倒性上优势，在此挑选了几种常用的附件介绍给大家。

● **各种反光板**

摄影中会使用到各种大小的反光板，也推荐使用自己制作的反光板。不仅是白反光板，能够控制暗部的黑色反光板、能够强烈反射光线的银色反光板、手持镜等在摄影中也非常有效。

● **黏着附件**

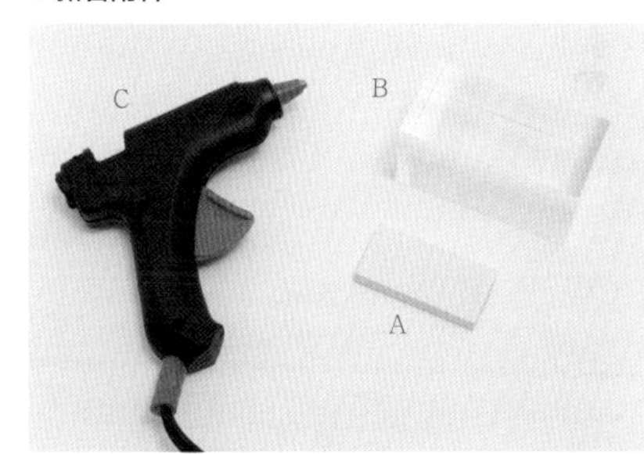

橡皮泥（A）和亚克力板（B）是可以轻松固定住拍摄对象的附件。黏合剂喷枪（C）可以融化树脂进行黏合，可以最为稳妥地固定拍摄对象。

● **漫反射素材**

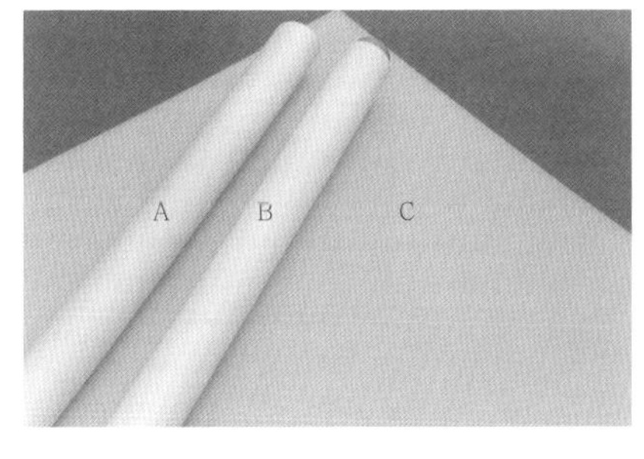

在物体摄影中，漫反射素材也是会频繁使用到的附件。透写纸（A）是最常用的素材；印刷纸（B）的价格偏高，但是可以让光线较好地流动环绕；半乳白色亚克力板（C）也可以当作背景素材使用。

● **胶条、黑白卡纸**

物体拍摄中，胶条也是常用的附件，在各种状况下都可用到。黑白卡纸也是一样，不仅可以作为背景纸使用，作为反光板或者要阻断光线的时候也可以使用卡纸。只要将它们事先放在手边，总归会发挥十分重要的作用。

● **伸缩杆和沙袋**

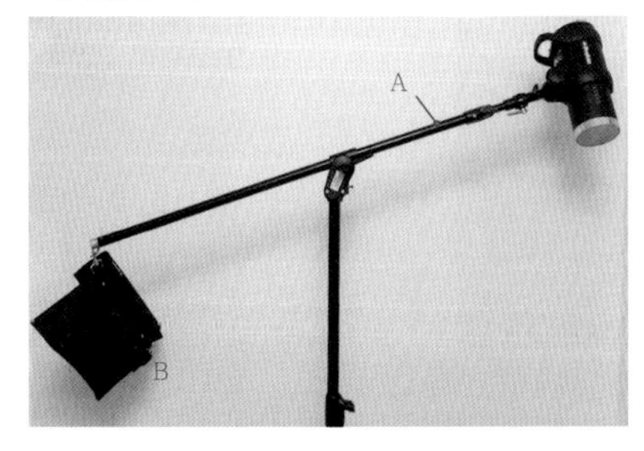

伸缩杆（A）可以将挂杆调节到近处，可以不受限制、更确切地让闪光灯对准拍摄对象。加入顶光的时候也必须用到这个附件。沙袋（B）用于调节伸缩杆的平衡。

● **吊杆、夹子类**

不仅是使用闪光灯，组合使用反光板、光晕消除板、柔光板等时，也会用到这些附件。由于形状各异，可以根据用途需要进行选择。

→ 第6章

02

单灯柔光箱下拍摄美食的布光

料理的新鲜度是食物真谛所在。本节将介绍通过运用柔光箱的柔和光源进行简单布光的拍摄方法。

使用柔光箱从右斜上方45° 处照射，不使用会反射光线的反光板。通过柔光箱的效果，可以在最终画面效果中使高光到阴影都呈现出非常柔和的质感。拍摄要点还在于通过使背景变黑，让料理凸显在画面中

拍摄参数

- 佳能EOS 5D Mark Ⅲ
- 佳能EF 100mm f/2.8L IS USM 微距
- 手动曝光(f/5.6、1/125秒)
- ISO 100 ● 5600K ● 100mm

闪光灯的配置和技巧

柔光箱a的尺寸为60cm × 90cm。尽可能使用尺寸较大的柔光箱，通过明暗对比的柔和质感，使光线环绕包围全部拍摄对象。在柔光箱的右侧前部放置光晕消除板，用以调整环绕照射到背后的光线。建议光圈值是拍摄对象左侧f/6.3，右侧f/4，实际拍摄光圈值是f/5.6。

a：保富图D1 500 Air

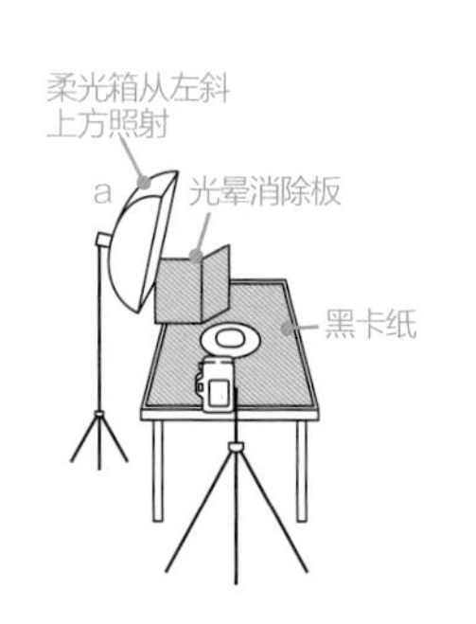

通过照射位置的细微差别来改变画面表现

这里简单地使用单灯柔光箱营造出阴影来拍摄白菜卷，润泽的质感正是柔光箱的效果体现。使用大尺寸的柔光箱，运用低明暗对比度，使光线环绕全部拍摄对象进行拍摄。如果拍摄对象较小，使用小尺寸柔光箱，可以使画面中的明暗对比度更明显。如果拍摄目的就是这种效果，那就正好适用。但是如果拍摄目的是像这次一样，为了呈现出哑光的最终效果，那就不适用了。

这种布光方法的特征还在于，根据柔光箱照射角度的不同，在拍摄对象上呈现的阴影会发生显著变化。细微的照射角度变化就可以让画面给人的印象发生明显变化。如同上一页的图例，柔光箱从右上方45° 位置处照射，是为了让光线难以照射到的拍摄对象前端和右侧也能在自然氛围下有适当的光线环绕。柔光箱的内芯也不直接对准拍摄对象，也就是说，通过羽化效果来进行拍摄。如果柔光箱位置过高，就会让内芯直接对准拍摄对象，成为单纯的顶光，就不会呈现出自然的阴影，让画面表现变得平面。关键在于运用造型灯，通过眼睛来确认效果进行拍摄。在这种场景下，阴影的浓度和比例、高光的呈现方式就成了确定布光时的基准。

要点 1

从照射位置来确认效果的差异

在右侧的图例中，3张照片中拍摄对象右侧的实际光圈值均为f/6.3。图例A中，稍微偏右处的阴影过强。图例B中，光线环绕全部拍摄对象，呈现出明亮的氛围，但给人以略微平面的印象。图例C中，通过运用更偏软调的光源，使加入白菜卷的亮光（高光）消失。据此可以看出，照射位置的细小差异可以使画面表现发生显著变化。

A：柔光箱从左侧与拍摄对象平行处照射进行拍摄

B：柔光箱从接近顶光源的角度处照射，让内芯对准拍摄对象进行拍摄

C：柔光箱稍微离开一点距离进行拍摄

要点 2

光晕消除板过于靠近拍摄对象前部的话，盘子的上部也会变暗，因此要多加留意，慎重调整其角度

不使用光晕消除板进行拍摄

使用光晕消除板来调暗背景，使画面变得紧凑

这次拍摄中，要点还在于放置光晕消除板，使画面表现中的背景切实变成黑色。在上面不使用光晕消除板的图例中，拍摄对象背后环绕着弱光，导致画面不够紧凑。这时可以一边用眼睛确认效果，一边放置光晕消除板。

进一步吧！

光晕消除板如果靠得过近，反而会让画面质感变得平面而不立体，因此要根据自身喜好来灵活调整距离。建议光圈值是拍摄对象右侧f/10

佳能EOS 5D Mark Ⅲ ● 佳能EF 100mm f/2.8L IS USM 微距 ●手动曝光（f/10、1/125秒） ●ISO 100 ●5600K ●100mm

通过侧光＋反光板来表现面包的凹凸质感

在料理摄影中，要尽可能让面光源靠近拍摄对象，使光线环绕照射全部拍摄对象。也推荐使用侧光来进行拍摄，尤其是表面凹凸的拍摄对象，可以给画面加入戏剧性的阴影。此时，通过反光板可以补充照射的光线和反向的光量。

布光的总结

1. 通过柔光箱的广幅面光源来营造出柔和质感。
2. 通过眼睛认真确认光线的照射方式来进行布光。
3. 灵活运用恰到好处的光晕消除板和反光板。

→ 第6章

03

在柔和的逆光源下拍摄美食

营造出逆光是在拍摄料理时常用的布光方法。可以用来拍摄多种料理，得到明亮的画面表现。

这是单灯布光。柔光箱穿过印刷纸从后方照射，营造出柔和的逆光线。通过前端的三块白色反光板来补充光量。景深方面，将光圈设定为可以让远处的泡芙稍微虚化的程度

拍摄参数

- 佳能 EOS 5D Mark Ⅲ
- 佳能 EF 100mm f/2.8L IS USM 微距
- 手动曝光（f/10、1/125秒）
- ISO 100 ● 5500K ● 100mm

闪光灯的配置和技巧

柔光箱a的尺寸为60cm×90cm，从后方照射闪光灯，可以营造出逆光。此处为了使逆光不过于强烈刺眼，柔光箱从稍微偏高的位置处照射泡芙。建议光圈值是画面前端的泡芙上部f/11，远处的泡芙上部f/13，背景中心f/16，实际拍摄光圈值为f/10。

a：保富图 D1 500 Air

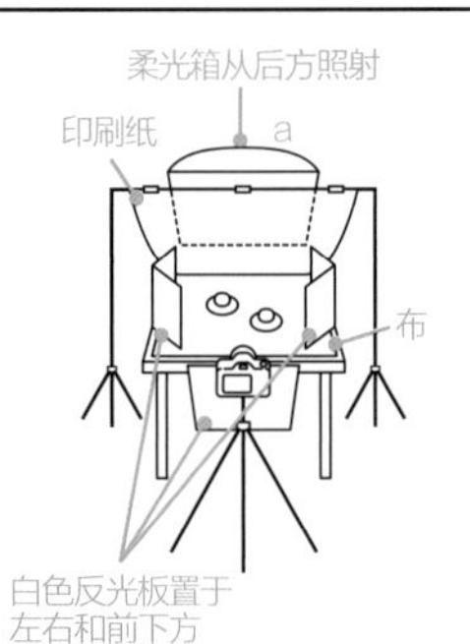

从料理到小物件拍摄皆可使用的常规布光方法

这次拍摄中使用的布光类型通用性很强，不局限于料理，还可以充分利用在各种场景中。此处为了营造出柔和的光质，使用了大尺寸的柔光箱和印刷纸，但通过柔光伞和透写纸等也可以产生相同效果。这种情况下，光质会变得偏硬。推荐使用大尺寸的布光工具，尤其在拍摄多个拍摄对象时，大尺寸布光工具可以稳定照射并均匀提亮广阔范围。使用小尺寸布光工具时，也可以组合搭配两个闪光灯。像这样在拍摄对象上方通过透写纸来营造面光源的方法被称为“顶部描摹”。

这种布光方法的要点在于逆光的色调渐变。照射面越靠近拍摄对象后方，背景变得越亮，逆光效果越强。这方面内容根据距离和角度（闪光灯的头部朝上或朝下的操作等）的变化也会发生变化。反之，从靠近拍摄对象上部，稍微保持一定距离进行照射，逆光会变弱，最终画面接近于平面效果。这种逆光线也可通过造型灯来确认。在这一点上，并非简单进行组合拍摄就能成功。要多尝试摸索最合适的逆光线。

要点 1

广范围面光源的逆光离不开反光板的使用

这次拍摄中，在左右和前下方加入白色反光板，用于补充盘子下方和泡芙的光量。右侧使用的是小尺寸反光板，在让光线明亮环绕的同时，也能保留阴影的细微色调渐变。

白色反光板置于左右（拍摄中只取掉前下方的反光板）

无反光板

进一步吧！

从左侧加入一个直径85cm的白色柔光伞进行照射。右侧放置反光板。相机的拍摄参数都与上一页图例中使用的相同

在前端加入一个闪光灯进行拍摄

这次拍摄中，也可以使用在前端加入一个闪光灯的方法。相较于使用反光板，这样不仅可以微调前端的光量，还能给画面加入张弛感（图例D）。但是需要注意的是，如果改变光量平衡，增强前端光量，减弱逆光的话，就会失去色调渐变效果，使画面表现变得单调。

D：在左前方加入柔光伞进行拍摄

E：将柔光伞作为主光源进行拍摄

要点 2

细致调整柔光箱的照射位置

这次拍摄的关键之处在于逆光的色调渐变。图例A中，背后非常明亮，逆光效果是最强的。图例B中，光线难以环绕照射到前部，与背景之间的曝光差稍显柔和。图例C就使用了上一页图例中的布光方法。为了让背景不至于曝光过度，通过调整高度、距离和角度来营造出柔和顺滑的逆光。

A：闪光灯靠近拍摄对象，从低处位置对准背景进行拍摄

B：闪光灯靠近拍摄对象，从高处位置对准泡芙进行拍摄

C：闪光灯稍微离开一点拍摄对象，从更高位置对准泡芙进行拍摄

布光的总结

1. 通过柔光箱+印刷纸来营造柔和的逆光。
2. 通过柔光箱的配置来确定逆光的程度。
3. 通过反光板和增加一个闪光灯来补充前端的光量。

→ 第6章

04

使用顶部描摹方法表现珠宝的透明感

如何拍摄处理珠宝等"发光物体"的反射面倒影,是一个很大的主题。本节将介绍通过反光板和戒指的朝向来调整倒影进行拍摄。

主要是利用顶部描摹方法产生的逆光。2个闪光灯从后方对准印刷纸直接照射。为了增加戒指的高光，再用一个闪光灯越过半透明的反光板从左后方照射。为了防止产生倒影，在拍摄对象前部放置3块银色的反光板

拍摄参数

- 佳能 EOS 5D Mark Ⅲ
- 佳能 EF 100mm f/2.8L IS USM 微距
- 手动曝光(f/8、1/160秒)
- ISO 100 ● 5500K ● 100mm

闪光灯的配置和技巧

使用的是和第6章第3节中一样的顶部描摹方法。为了给戒指增加张弛感，使用闪光灯（a、b）直接照射。在左右加入2个闪光灯，让光线更均匀地环绕照射拍摄对象前部。左后方的一个闪光灯c是为了加入高光，可以一边确认效果一边进行微调。全灯照射的状态下，建议光圈值是戒指正面f/10，戒指左侧f/10，背景f/14，实际拍摄光圈值是f/8。

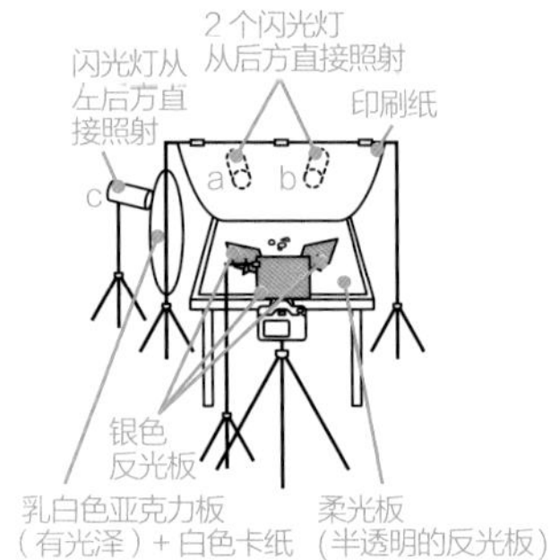

a、b：保富图D1 500 Air
c：保富图 B2 250 AirTTL

消除不需要的倒影，增加高光

首先，拍摄珠宝等发光物体时，推荐使用柔光板。虽然也可以使用透写纸，但是使用印刷纸和半乳白色亚克力板更能柔和地描绘表现出高光部分。顶部描摹方法在拍摄这种细腻的拍摄对象时非常重要。为了呈现出金属的质感，这里直接用反光罩来照射光线。在拍摄对象前部放置的3块银色反光板是为了防止戒指前面的倒影，并且通过较强的反射来增强明暗对比。在拍摄金属类物品时，银色反光板也十分有效。

此次拍摄要点还在于从左后方加入的辅助光。增加这个光线，能够突显出戒指的闪闪发亮之感。背景中铺陈的半乳白色亚克力板（有光泽），不仅是作为柔光板，还能当作背景使用。从而拍摄对象倒映其中，成为画面表现的重点。

要点 1

通过辅助光来强调戒指的光泽感

从左后方加入的辅助光穿过半透明板照射出柔和的光质。观察下边的图例可以看出效果的差异。从这种画面表现还可以看出，辅助光还承担着提亮背景中的贝壳的作用。

无辅助光（闪光灯c）进行拍摄

只使用辅助光（闪光灯c）进行拍摄

要点 2

自然地在戒指中倒映入反光板

此次拍摄中，反光板与其说是用来单纯提亮拍摄对象，不如说更大的作用是在戒指中倒映入反光板。可以一边通过眼睛和测试拍摄来确认倒映的效果，一边灵活放置反光板的位置。如果想在特定部位加入点状光线，使用镜子也是方法之一，可以强调出金属的光泽感。

只用左右的银色反光板进行拍摄

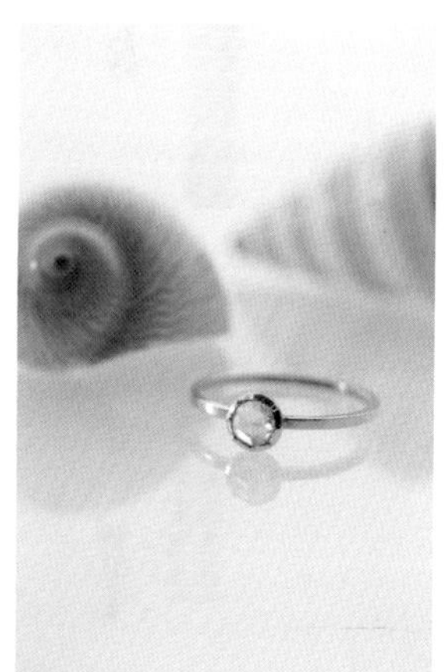

取掉反光板进行拍摄

进一步吧！

将半乳白色亚克力板下的背景纸换成有颜色的背景纸

半乳白色亚克力板由于是半透明的，在作为背景使用时，可以在其下面铺设背景纸。这种场景下，虽然也可以使用白色卡纸，但是换成其他颜色的背景纸的话，可以将背景色拍摄成画面重点。但是，拍摄对象中也会倒映入背景的颜色。事先意识到这一点，对设计构图很有帮助。

蓝色背景纸上放置半乳白色亚克力板进行拍摄

布光的总结

1. **通过顶部描摹方法的逆光来描绘出富有透明感的画面。**
2. **通过反光板和角度来调整倒映和高光。**
3. **增加辅助光，提升拍摄对象的光泽感。**

→ 第6章

05 通过布光表现包袋的素材感

要体现出包袋的素材感，关键在于所使用的柔光板。这次拍摄中使用外接闪光灯来表现包袋的质感。

由2个闪光灯构成。一个闪光灯使用顶部描摹方法，从左侧高处位置照射。为了营造出包袋的立体感，另一个闪光灯从低处的左边内侧照射。拍摄对象前部的侧面使用银色反光板来补充光量。背景和上次一样，使用的是同样的半乳白色亚克力板，通过充分利用倒映来进行拍摄

拍摄参数

- 佳能 EOS 5D Mark Ⅲ
- 佳能 EF 24-70mm f/2.8L Ⅱ USM
- 手动曝光（f/11、1/160秒）
- ISO 100 ● 5500K ● 65mm

闪光灯的配置和技巧

虽然应用的是穿过印刷纸的顶部描摹方法，但由于闪光灯a、b从侧面照射，因此稍微改变了一下顶部描摹的配置。拍摄使用的是TTL调光，可以一边确认合适的效果一边进行拍摄。闪光灯直接照射，没有使用任何附件，但是通过印刷纸来表现柔滑的质感。

a：日清 Di700A　TTL 闪光曝光补偿 + 1EV
b：日清 Di700A　TTL 闪光曝光补偿 − 1EV

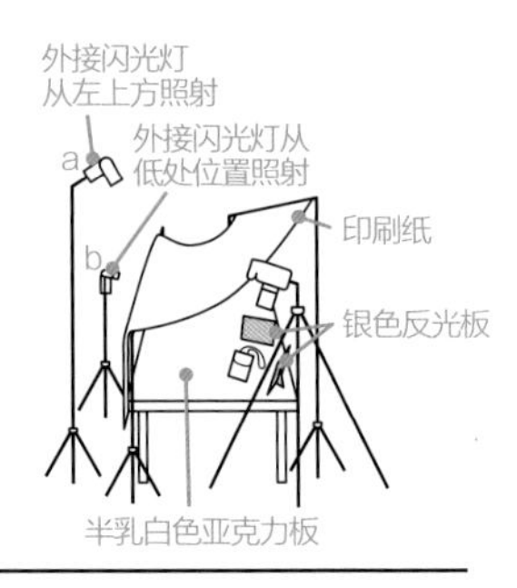

通过柔和的光质营造出拍摄对象的立体感

本节的课题是如何再现黑色包袋的素材感，如何在半乳白色亚克力板中投入美丽的倒影。解决办法就是穿过印刷纸的顶部描摹方法。通过可以凸显柔和质感的印刷纸来营造出大范围的面光源，从而表现出拍摄对象的素材感，倒映在亚克力板中的影子轮廓也被表现得十分清晰美丽。

主光源是从左侧高处位置直接照射的一个闪光灯，决定它的高度时要看它的光线是否能照射整个包袋。之所以不从顶部照射而是从侧面照射，不仅为了给亚克力板加入阴影，也为了给包袋增加缓和的色调渐变。通过从这个角度照射，使画面表现变得立体。

为了进一步增强立体感，另一个闪光灯从低处位置对准包袋的左侧面照射。根据照射角度和位置的不同，这个闪光灯给包袋带来的光泽感也会发生显著变化。可以一边确认只用一个闪光灯照射的效果，一边进行组合搭配，从而达到预期目的。

拍摄对象前部加入的银色反光板也发挥着巨大作用。之所以不使用白色反光板而是使用银色反光板，是为了给包袋加入更具有透明感的影子。

要点 1

逐个闪光灯照射来确认各自的效果

右边的两张照片是这次拍摄中各自使用一个闪光灯的效果。没有使用反光板。虽然只使用主光源拍摄，质感也比较不错，但是稍微欠缺立体感。从低处位置加入的辅助光对准包袋的左侧和左上方的拉链进行照射，这样可以补偿整体的立体感。

只使用主光源（闪光灯a）进行拍摄

只使用辅助光（闪光灯b）进行拍摄

进一步吧！

通过顶部描摹之外的布光方式来比较效果

下边的图例中，值得注意的是包袋的质感和亚克力板中倒映的影子轮廓。使用柔光伞照射的图例A中，包袋的质感欠佳，影子的轮廓也虚化模糊。直接照射闪光灯的图例B是非常强有力的画面表现，这种布光方法不仅突出了质感，还能表现出具有存在感的场景，是一种十分有效的布光。影子轮廓会稍微虚化，即便是从同一个位置照射闪光灯，也会如图例中一般，画面表现发生显著变化。

A：柔光伞s+辅助光

B：直接照射+辅助光

要点 2

通过反光板的加入方式来调整光量和阴影的浓度

观察下图即可明白，取掉反光板，包袋右侧不仅会变暗，影子的浓度也会发生变化。加入反光板时，也要多留意与这种阴影之间的平衡。

取掉反光板，使用2个闪光灯照射

布光的总结

① 使用印刷纸，通过顶部描摹方法来营造出柔滑的质感。
② 使用2个闪光灯，表现立体感。
③ 通过反光板调整阴影的浓度。

→ 第6章

06

通过彩色滤镜拍摄出玻璃器皿的个性

使用第5章11节中介绍的半乳白色亚克力板进行滤镜布置，在物品拍摄时也非常便利，可以让拍摄者体味到独特世界观影响下的画面表现。

使用装有长嘴灯罩的蜂巢罩光源从顶部稍微靠前的高处位置照射拍摄对象。背景中，使用一个装有蓝色滤镜的闪光灯越过半乳白色亚克力板进行照射。同时，桌上放置黑色亚克力板，在其中倒映入拍摄对象，使其成为画面重点

拍摄参数

- 佳能EOS 5D Mark Ⅲ
- 佳能EF 100mm f/2.8L IS USM微距
- 手动曝光(f/11、1/125秒)
- ISO 200 ● 6000K ● 100mm

闪光灯的配置和技巧

主光源a同时使用长嘴灯罩和蜂巢罩（10°），营造出具有聚光性的光源。微调闪光灯的位置，使光线照射商品商标。一个闪光灯b从背后照射，一点点逐渐加强光量来确定光线平衡。2个闪光灯照射的状态下，建议光圈值是拍摄对象正面f/16，拍摄对象后侧f/5.6，实际拍摄值是f/11。

a、b：保富图 B2 250 AirTTL

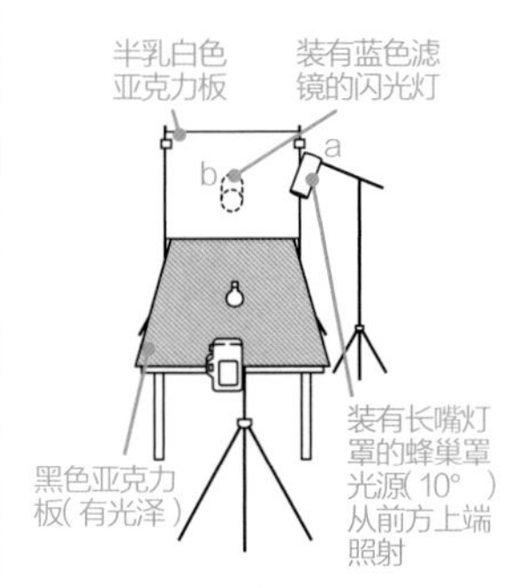

根据背景光量的变化，画面表现力会发生显著变化

这次的布光主题是使用第5章第11节中介绍过的半乳白色亚克力板和彩色滤镜营造出背景进行物体拍摄。相较于使用蓝色背景纸，这样更能营造出没有浑浊感的独特透明感。拍摄中，首先要确定好主光源，之后逐渐增强从背后照射的一个闪光灯的光量，以寻找到最合适的光线平衡。光量太弱，蓝色就会过于清晰，光量太强，发光部位的中心处就会像点光源一样局部曝光过度。同时，背后的一个闪光灯的光量越强，透过拍摄对象前部玻璃容器的光线越多。此时，虽然会增强容器中液体的透明感，但是色彩分层曝光部分也十分显眼。关于这一点，要根据自身喜好来确定使用的光量。

为了使拍摄对象给人以清晰、强有力的印象，主光源要使用范围狭窄的硬光源。通过组合搭配长嘴灯罩和蜂巢罩，可以营造出照射范围更加狭窄的光源。此次拍摄的要点还在于不用在意照向背后的光线流动，可以安心进行拍摄。

下面铺设的背景是有光泽的黑色亚克力板，这也是物体拍摄时十分便利的附件。镜面性较强的黑色表面，在使用彩色滤镜营造背景时，可以倒映出浓厚的配色效果，这会成为很有魅力的画面重点。

要点 1

背后的光量成为画面表现力的决定性因素

这种画面表现中，背景的色彩浓度与照片给人的印象具有明显的关联。如果与闪光灯组合使用，可以一边调整背景光的光量一边进行拍摄，然后选择最合适的光量。光量越少，背景颜色越浓，由于环绕照射的光线也会变少，看起来能凸显出照射在被摄体上的闪光灯光线。

降低一半(1/2EV)的背景光

要点 2

只使用长嘴灯罩进行拍摄

只使用蜂巢罩进行拍摄

照射主光源时应注意不要干涉背景

上面的图例是各自只使用长嘴灯罩和蜂巢罩进行拍摄的照片，但是背景中也环绕流动着光线。如果像这次拍摄一样，想要营造出具有均匀浓度的背景色，使用具有聚光性的光源比较容易达成目的。另外，调整闪光灯与背景之间的距离，在闪光灯上安装光晕消除板，也是十分有效的方法。

进一步吧！

只通过背景光就能给画面表现带来如此之变化

下边的图例中，是将背后的闪光灯靠近亚克力板，并且加强光量进行拍摄。让光线的热点部位稍微向上错开，营造出色调渐变。主光源、拍摄参数虽然和上一页图例中使用的一样，但是通透感的印象更强，画面表现中阴影更浓，更有张弛感。

错开背景光进行拍摄
（拍摄对象后侧的建议光圈值为 f/13）

布光的总结

1. **通过加入装有滤镜的背景光的不同方式，可以根据摄影者的表现来调整画面。**
2. **使用点光源将拍摄对象拍摄出清晰的质感。**
3. **推荐使用具有较高镜面效果的黑色亚克力板。**

→ 第6章

07 在表现阴影的同时拍摄出植物的清爽感

通过黑色卡纸等，可以轻松营造出阴影。此次拍摄中，使用让闪光灯直接露出闪光管进行照射的摄影技法，一起来看看效果吧。

拍摄的花朵给人以强日光照射下的感觉。为了营造出硬光质，露出闪光管进行拍摄。阴影是由黑卡纸带来的。将剪成Z字形的黑卡纸放置在闪光灯前面来营造效果

闪光灯的配置和技巧

将花朵放置在白色卡纸上，让闪光灯直接露出闪光管从右上方高处位置照射，这是单灯布光（a）。黑色卡纸是为了营造出影子，在如何放置上要多加研究。可以通过移动其前后位置，确认效果，最后确定放置位置，然后使用夹子等固定好进行拍摄。建议光圈值是拍摄对象正面f/14，实际拍摄光圈值是f/11。

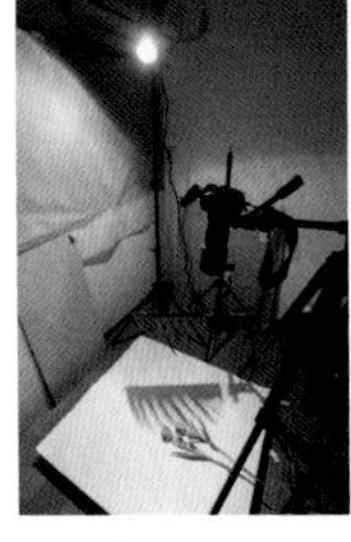

a：保富图 D1 500 Air

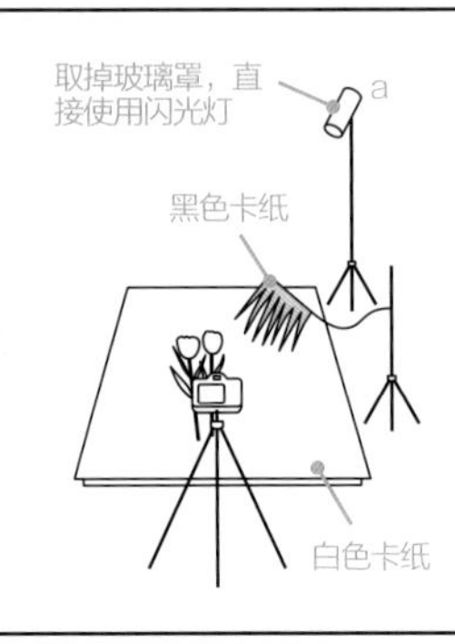

拍摄参数

- 佳能EOS 5D Mark Ⅲ
- 佳能EF 100mm f/2.8L IS USM 微距
- 手动曝光（f/11、1/125秒）
- ISO 100 ● 5300K ● 100mm

使用直接露出的光源营造出清晰的阴影

取掉闪光灯头部的柔光罩和玻璃罩，直接暴露出其中的闪光管，又被称为“轴承电子管”。闪光灯在这种状态下让光线照射拍摄对象。相较于安装有标准柔光罩和玻璃罩，这种状态的闪光灯能照射出更硬质更强烈的光线，从而营造出清晰的影子，能够将大范围照亮进行拍摄。并且，如果利用曝光过度进行拍摄，可以使最终效果富有透明感和清透感。如果想让影子在画面中发挥效果，也可以多留意照射位置。关于这一点，可以一边使用造型灯确认效果，一边确定配置。影子的浓度也受到发散向周围的反射光的影响。如果想营造出浓重的影子，可以在周围覆盖黑色跳闪板，让光线不发生扩散，使画面表现中的阴影显得浓厚。

这次拍摄的显著特征在于，人工营造出影子，使其体现在画面中。之所以使用黑色卡纸是为了避免不需要的反射，在此处使用黑纸是最佳选择。当然，根据纸张的形状，影子的出现方式也会发生变化。可以事先准备好若干纸张，从而给画面加入自己喜欢的影子。纸面越靠近地面，影子拍出来越清晰；纸面越靠近闪光灯，影子越虚化。

要点 1

通过黑色卡纸营造出影子的概貌。使用针和钢丝来固定使其稳定。

影子的形状略有变形

要多研究影子的呈现方式

在上边的图例中，上端稍微弯曲的影子比较醒目，从而损害了整体画面给人的印象。从中可以看出，在本次拍摄中，影子的形状和呈现方式会给画面描绘带来巨大影响。可以使用各种形状的黑纸，尝试给画面加入自己喜欢的影子形状。

要点 2

A：闪光灯安装玻璃罩进行拍摄

B：闪光灯透过印刷纸进行拍摄

C：将闪光灯靠近卡纸进行拍摄

比较轴承电子管和其他附件的光质

装有玻璃罩拍摄的图例A中，影子轮廓较为缓和，光线的扩散也比较弱，虽然比较细小，但是影子也很浓重。透过印刷纸拍摄的图例B使用了黑色卡纸使影子消失，并且，将闪光灯靠近黑色卡纸的话，影子轮廓会发生虚化（图例C）。如果想使影子更抽象化，可以试着调整闪光灯和黑色卡纸的距离。

进一步吧！

使用轴承电子管直接从正上方照射
佳能EOS 5D MarkⅢ ● 佳能EF 100mm f/2.8L 微距 IS USM ● 手动曝光（f/11、1/125秒）● ISO 100 ● 5300K ● 100mm ● 建议光圈值f/16

使用顶部俯瞰的直射光，不营造出影子进行拍摄

从镜头两侧照射闪光灯会在正下方附近产生影子，可以将拍摄对象拍摄得平面化和具有硬质感。在上边的图例中，使用暴露的闪光管进行布光，最终画面效果给人以笔挺、干燥的质感。

布光的总结

1. 闪光管的直射可以产生十分坚硬的光线。
2. 通过黑色卡纸营造出影子。
3. 从正面照射强光，可以营造出笔挺、干燥的质感。

08 在留意反射的同时，拍摄出玻璃的优良质感

这种拍摄的难点在于玻璃中倒映的反射。如果通过改变光线平衡，能使这种反射消失，则可以拍摄出具有良好韵味的照片。

主要使用的是从稍靠前方照射的顶光源。辅助光从左侧加入柔和的光线，在哑光的氛围下拍摄下这张照片。琥珀色的色调是由于背景纸的影响。背光源从茶色背景纸的背后穿透过来，使这个光源微弱的环绕照射到前部，成为画面重点

闪光灯的配置和技巧

顶光源a为安装有直径为60cm的八角形蜂巢罩的柔光箱。从左斜方向内侧照射的辅助光b从跳闪板发生反射，透过印刷纸进行照射。背光源c装有10度的蜂巢罩，缩小照射范围。在全灯照射的状态下，建议光圈值为玻璃杯顶部f/8，玻璃杯左侧f/5.6，玻璃杯背后f/5，实际拍摄光圈值为f/8。

a、b：保富图 B2 250 AirTTL
c：保富图 D1 500 Air

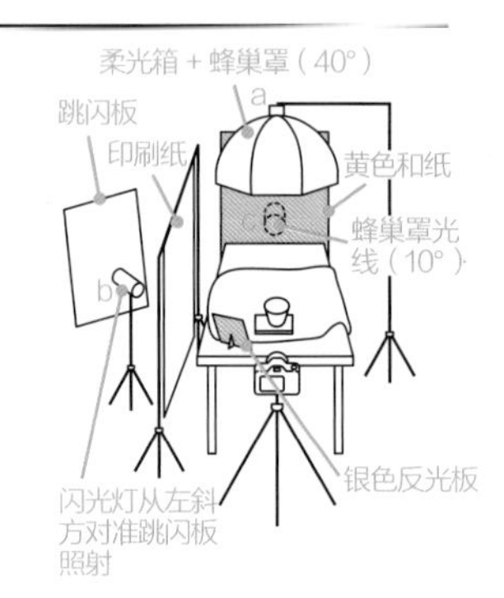

拍摄参数

- 佳能 EOS 5D Mark Ⅲ
- 佳能 EF 100-400mm f/4.5-5.6L IS Ⅱ USM
- 手动曝光（f/8、1/125秒）
- ISO 100 ● 5500K ● 400mm

通过光线平衡来减少反射的比例

这次拍摄中，要点在于要根据玻璃杯中倒映的反射，来搭配使用闪光灯。在这种场景下，拍摄玻璃杯的角度要使顶部的位置不会发生反射，但是仅仅如此会导致出现过多的阴影，使画面表现略显单调。想要这样拍摄，就有必要加入辅助光，因此在左侧搭配使用印刷纸，从半逆光的位置直接照射闪光灯，使发生的跳闪光穿透印刷纸。这样可以从斜后方加入非常柔和的面光源，从而有效控制反射发生。在此次拍摄中，从顶部照射的柔光箱是主光源，进行强烈照射，使辅助光带来的侧面高光与玻璃杯相互融合。

背光是从背景纸后面对准拍摄对象前部照射的，由于背景纸为黄色，可以使整体色调韵味倾向于琥珀色。同时，斜后方的辅助光也会环绕照射到背后，从而补充整体背景光量。放置在左前方的银色反光板是为了显现出前部书籍的商标。如果想要让这个场景更会人印象深刻，可通过加入点光源的方法，给玻璃杯、冰块、白兰地营造出富有张弛有度的光泽感。

要点 1

A：顶光源（辅助光）+背光源+柔光伞S（主光源）从左侧透过印刷纸照射

B：顶光源（辅助光）+背光源+闪光灯直接照射跳闪板，从左后方越过印刷纸照射（主光源）

C：顶光源（主光源）+背光源+闪光灯直接照射跳闪板，从左后方透过印刷纸照射（辅助光）

消除玻璃杯左侧出现的高光

图例A中，将侧光作为主光源照射，但是印刷纸的倒映非常明显。由于玻璃杯曲面的存在，没有倒映在左侧，而是倒映在了右侧。通过改变照射位置和照射方法，可以减弱反射（图例B），图例C中，减少从稍左后方照射的闪光灯光量，可以使反射最少，最后效果最自然。

要点 2

只使用背光源（闪光灯c）

只使用从左后方照射的辅助光（闪光灯b）

只使用顶光源（闪光灯a）

从三个闪光灯的构成来考虑光线平衡

与上面的图例不同，这次的图例是通过逐个闪光灯拍摄的，从中可以看出从左后方照射的辅助光环绕照射到背后的效果。顶光源也发挥着重要作用给玻璃杯内部和冰块等加入高光。

进一步吧！

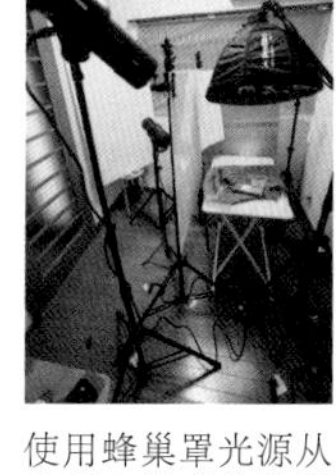
使用蜂巢罩光源从左斜方的高处位置照射。拍摄参数与左侧图例中使用的一样。在全灯照射状态下，建议光圈值为玻璃杯顶部f/5.6，玻璃杯正面f/8，玻璃杯背后f/5，实际拍摄光圈值为f/8。

取代从左后方照射的辅助光，使用蜂巢罩光源（5°）照射

通过蜂巢罩光源强化明暗对比度

为了表现出玻璃杯的光泽感，非常适合使用硬光质。在上面的图例中，将顶光源作为辅助光使用，与背光源一起进行拍摄，给人的印象与左侧图例完全不同。拍摄要点在于要留意高光的出现方式，然后确定闪光灯的照射位置。

布光的总结

1. 通过改革照射的方式和位置来柔化倒映。
2. 还可以通过光线平衡来调整倒映。
3. 使用蜂巢罩营造出光泽感。

→ 专题

5 联机拍摄的优点

进行布光的拍摄中，联机功能是一定要熟练应用的一个功能。此处以 Adobe Photoshop Lightroom 为例，来解说联机功能的特征。

首先要彻底理解自己想要使用的功能

在布光的工作流程中，联机拍摄不但能让人实时观察拍摄的图像，还能对图像进行比较和初筛，根据现场需求结合各种因素，当场进行调整。尤其便利的是连动功能，可以将曾经使用过的编辑内容使用在次回摄影中。在联机拍摄中调整过的色调和明暗对比度、亮度等，可以体现在下一次拍摄的照片中。根据拍摄类别的不同，对照片进行分割的功能也十分便利。同时还可以根据场景和用途不同，每次追加不同的文件夹，也可以返回到之前建立的文件夹中，非常有效地进行拍摄时的照片挑选和摄影后的照片整理工作。

可以进行联机拍摄的代表性软件

● Adobe Photoshop Lightroom

在联机拍摄可以使用的软件中，该软件是最受欢迎的通用产品。从照片管理到显像、编辑、共享，可以高效进行一系列操作。而且它的设计便于批量处理大量照片。

编辑图像后，如果单击图像捕捉窗口的显像设定，选择“与上次相同”选项，编辑内容就可以体现在以后的拍摄中了。在联机拍摄中，可以灵活运用这个功能。

在开始联机拍摄的设定界面中，如果勾选“按拍摄分类照片”，在拍摄中，就可以从图像捕捉窗口中新建文件夹，并在其中自动保存新图像。

● Capture One

中端数码相机制造商Phase one公司出品的图像处理软件，操作简单，还可以亲身体验联机拍摄。显像时可进行调整的项目也很多，最适合想要逐张仔细处理图像的情况。本书中的照片就是使用这个软件进行联机拍摄的。

● 佳能 EOS Utility

在可以进行联机拍摄的软件中，也有一些是纯正的相机制造商，这个软件就是佳能出品的。这样的联机拍摄软件很多时候都在购入相机时免费赠送，灵活熟练运用这样的软件也是方法之一。

日清的外接闪光灯和配件

本书拍摄中使用的外接闪光灯全部为日清公司的产品。这里介绍相关闪光灯和配件。

搭载电波式无线功能的新机型

●日清Di700A

该机型的特征在于搭载有日清特有的电波式无线TTL系统NAS（Nissin Air System）。将其与专用的控制系统“AIR”组合使用，在最大半径30m的范围内可以随意进行无线闪光操作。在操作性能上也非常突出，简单的彩色面板让人很容易理解设定状态。

最大标示数值：54（相当于照射角200mm / ISO 100时）
对应数码相机：佳能/尼康/索尼
TTL调光补偿：±2（1/2EV级差）
手动输出：FULL～1/128（1EV级差）

可实现远程操作的万能管理机型

●管理器Air1

这个管理器可以使对应的闪光灯（Di700A）实现无线闪光。不仅能通过TTL自动模式和手动模式进行光量调整，还可以进行照射角的设定、使用频段的切换等所有远程操作，操作起来也非常简单。通过组合按钮和模式选择按钮这两个按钮可以完成所有设定，大LED显示屏也让人便于看清并进行操作。

NAS（Nissin Air System）标准电波式（带有2.4GHz）
对应数码相机：佳能/尼康/索尼

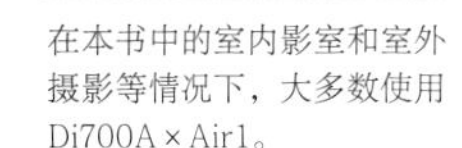

在本书中的室内影室和室外摄影等情况下，大多数使用Di700A × Air1。

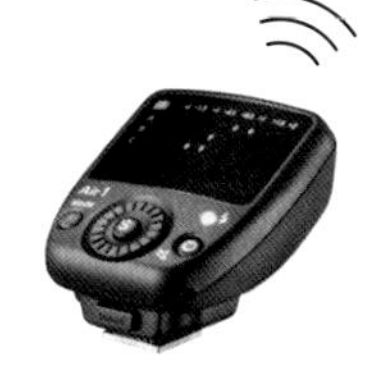

Air1

具有高亲和性的Di700A

通过Air1实现远程操作，将闪光群组分为A、B、C三个群组，Di700A使在同一空间使用最多21个闪光灯成为可能。同时，只要对Air1进行配对设定，在不同固定器的Di700A上也可以使用TTL自动、手动模式进行闪光。Di700A不仅与闪光灯，与其他的闪光灯器材之间也具有极高的亲和性。比如，可以在手动输出下进行从属闪光，与纯正闪光灯的无线TTL系统之间也具有匹配性，闪光群组可以分为A、B、C来进行设定。

用于佳能相机的Di700A　用于尼康相机的Di700A　用于索尼相机的Di700A

在使用外接闪光灯的时候，需要使用各相机制造商专用的机型，但是通过这种Air1，在无线中使用的时候，不管是哪个制造商专用的Di700A都可以实现闪光 。

优秀的无线传感器是其魅力所在

●日清Di866 MARK Ⅱ

该旗舰机型搭载有无线传感器，可以接收直线距离约25m以内的信号。其变速器机构，可以大幅降低操作音，因此能够使人注意不到声音进行闪光灯摄影。

最大标示数值：60（相当于照射角105mm/ISO 100时）
对应数码相机：佳能/尼康
TTL调光补偿：±3（1/3EV级差）
手动输出：FULL～1/128（1/3EV级差）

可进行1 000次连续闪光的旗舰机型

●闪光灯MG8000(重机枪闪光灯)

该机型的最大特征在于采用了高耐热石英材质的放电管和高耐热灯头，因此可以连续进行约1 000次的闪光，是一个非常有力的旗舰机型，还可以对应非常严苛的摄影环境。

最大标示数值：60（相当于照射角105mm/ISO 100时）
对应数码相机：佳能（适用于尼康的机型在2015年12月已经停止销售）
TTL调光补偿：±3（1/3EV级差）
手动输出：FULL～1/128（1/3EV级差）

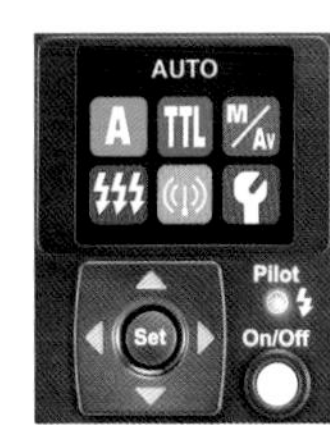

Di866 MARK Ⅱ和MG8000使用的是相同的彩色液晶显示屏，这也是非常易于观看的设计，多样功能都集中在6个图标中。该机型搭载的功能还包括将闪光灯90° 旋转后，包括液晶显示屏在内都能进行自动旋转

机型虽小，但在同系列中可输出最大光量

●闪光灯i40

虽然是超小型机型，但是最大标示数值有40，可以在同系列中实现最大光量。在小型闪光灯中很容易被省略某些功能，但是该机型确实搭载有可以根据镜头景角自动变化焦距的功能。

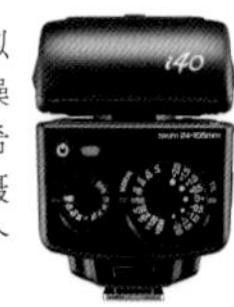

i40具有很便于观察的模拟显示面板，在辨认度、操作性上也非常优秀。在希望凭借直觉按下按钮拍摄快照等情况下，这是一个非常宝贵的机型。

最大标示数值：40（相当于照射角105mm/ISO 100时）
对应数码相机：佳能/尼康/索尼/ FOUR THIRDS(4/3)系统数码单反相机/富士
TTL调光补偿：±2（1/2EV级差）
手动输出：FULL～1/256（1EV级差）

一款囊括基本操作的安心机型

●闪光灯 Di600

该中等机型囊括了需要的一切功能，而且价格便宜，具有稳定的TTL自动控制，能实现世界最快水平的自动功率图像放大。

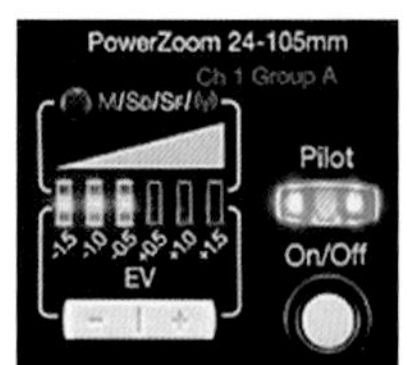

背后的功率水平显示是让人很容易确认的设计，因而很方便就可以进闪光灯闪光曝光补偿的操作。

最大标示数值：44（相当于照射角105mm/ISO 100时）
对应数码相机：佳能/尼康
TTL调光补偿：±1.5（1/2EV级差）
手动输出：FULL～1/32（1EV级差）

在微距摄影和肖像摄影中见长

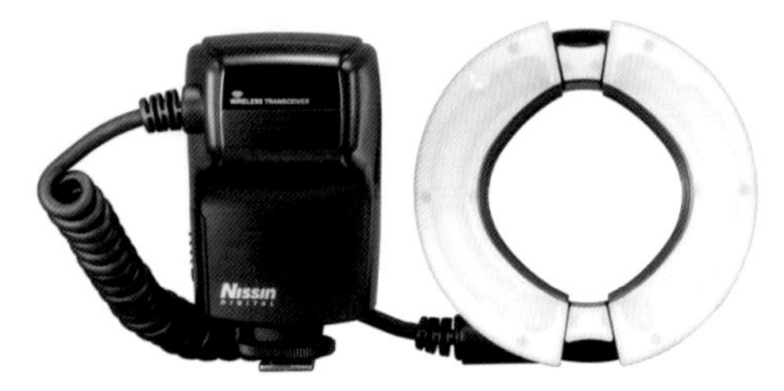

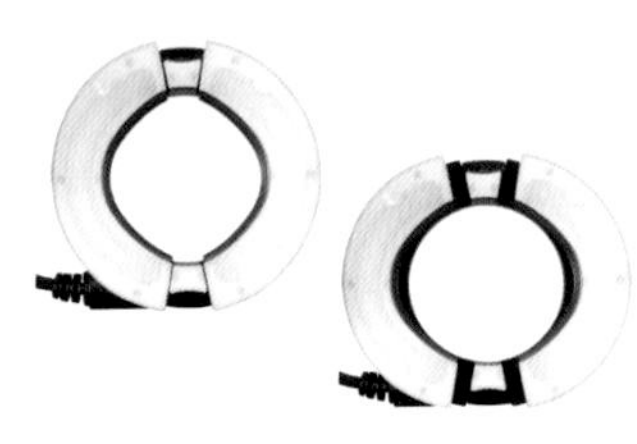

MF18数码微距
最大标示数值：16（相当于ISO 100时）
对应数码相机：佳能/尼康
TTL调光补偿：±3（1/3EV级差）
手动输出：FULL～1/64和-2/3（1/3EV级差）

采用环形软管，可以在微距摄影中获取良好的光源，也可以减少画像的影子，使画面均匀。环形软管可以左右分割开来，分别控制。如果设定为精致微距模式，在1/128～1/1024(1/6EV级差)之间可以进行微弱闪光。

其特征还在于可以安装最大77mm的大口径微距镜头。由于单次按键就可以改变闪光环形的尺寸，因此不用担心遮光的情况出现。

根据口径大小，微距镜头需要安装转接环，MF18中随机型附带有6种类型（52mm、58mm、62mm、67mm、72mm、77mm）的转接环。不需要其他的转接环，可以应用在大多数镜头上。

可以与非电波式的闪光灯发生连动反应

接收器AirR
NAS（日清 Air System）标准电波式（2.4GHz）
对应数码相机：佳能/尼康（索尼将于日后发售）

在非电波式的闪光灯中，通过管理器Air1，使信号变得可控制的NAS电波式接收器。包括日清MG8000和140，以及各制造商的纯正闪光灯皆可对应使用。在仅对应光学式无线机型的产品中，通过Air1皆可实现控制，还能与Di700A混合使用。

实现世界最快水平的充电速度

这是外部电源，一次充电可以实现550次的全闪光，在长时间摄影中用起来非常方便，充电也非常快速。令人欣喜的一点是体积小，重量轻，本身重量只有380g，包括电池在内为761g。其还搭载有蓄电池余量显示功能和用于USB机器充电的输出端口。使用的电池是镍氢电池群组，输出电压约为320V。

备用电源PS8
对应数码相机：佳能/尼康/索尼

多学一点

关于AirR拥有的具体亲和性

AirR和闪光灯的热靴可如右图所示一般连接使用。这个接收器的厉害之处在于和Air1的联动性。包括闪光灯在内，装有AirR的机种可以分为A、B、C组，不仅能通过Air1进行控制，还可以通过Air1远程操作TTL自动模式和手动输出、焦距照射角的调整、高速同步和后帘同步等多种功能。由于是遵照NAS的电波通信，因此其优势还在于可以进行更加稳定的无线闪光。

蓄电池可快速安装和脱卸的2段锁扣式盒式电源，可以进行快速的电池更换。

保富图的闪光灯和配件

在长达 40 多年的时间中，发祥于瑞典的闪光灯制造商保富图受到世界各地摄影师的大力支持，其生产的闪光灯根据用途不同，拥有各式各样的类别。

※数据均依据2016年2月

一体式 / 发电机式

保富图的魅力之一在于其光质的稳定性。在全输出时闪光速度快，色温和演色性的精度也很高，可以将其作为配套搭档来熟练应用。

一台适合日常使用的高信赖度机型

●保富图 D1 Air

最大功率：1000Ws / 500Ws / 250Ws
功率范围：7F.S（1/1-1/64）

虽然体积小，但是其魅力在于强有力的输出，性价比也很高，可以对应几乎所有的闪光灯工具。搭载有Air系统的机型可以控制进行无线输出等功能。

搭载有 TTL 的创新性闪光灯系统

●保富图 B1 500 AirTTL

最大功率：500Ws
功率范围：9 F.S（1/1-1/256）

在外景摄影中用起来非常方便的蓄电池式一体闪光灯（离机闪光）。可以更换的统一蓄电池在全功率输出下最多可进行220次的闪光。除了不需要电缆，搭载有TTL功能也是其显著优势。通过利用Air系统，可以用TTL来自动调整闪光灯的光量，还可以对应使用高速同步。

本书中介绍的影室摄影中，都使用了保富图D1和保富图B1 500 Air TTL。在全功率输出下，可以对应用于各种附件，表现幅度也比较广阔。

最强最好的便携式闪光灯

●保富图 B2 250 AirTTL

最大功率：250Ws
功率范围：9 F.S（1/1-1/256）

该闪光灯是将闪光部位和电源部位分开的脱机式闪光管。其最大的魅力在于体积轻巧，可以进行全功率输出。在高性能的B2蓄电池中，轻巧小型的头部可以安装2个闪光灯。可更换式蓄电池在全功率输出下，最多可以进行215次闪光。搭载有TTL功能，通过Air系统可以自动调整闪光灯的光量。

可以全部收纳在专用袋子中，易于携带，非常适合用于室外拍摄。在本书的室外摄影中，也使用了保富图B2 250 AirTTL。

通过使用这样的支架，也可以将其作为外接闪光灯。

高端的影室发电机

● Pro-8a

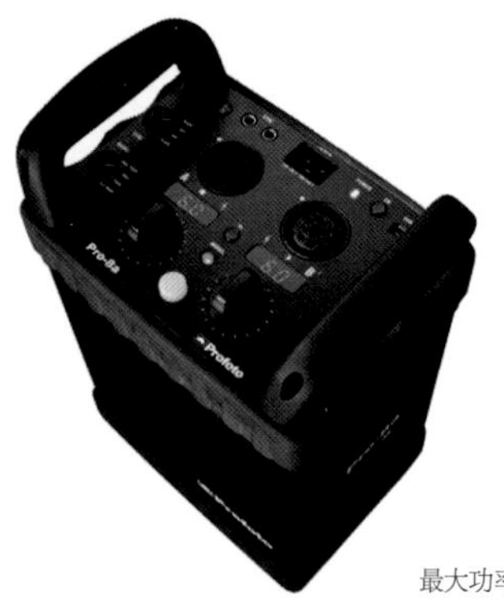

最大功率：2400Ws／1200Ws
功率范围：10F.S（1/1-1/512）

保富图的旗舰机型。头部可以安装2个独立输出的闪光灯。充电速度是0.05秒～0.9秒（2400Ws），非常迅速。闪光速度最短可以达到1/12000秒。非常适用于拍摄闪动和运动的拍摄对象。通过Air系统，可以实现无线同步、远程控制。

拥有 4 个独立输出部位的发电机

● D4 Air

最大功率：4800Ws／2 400Ws／1 200Ws
功率范围：8F.S（1/1-1/128）

这个发电机具有稳定的输出和色温，可以生成高速高品质的照片，是一个万能的发电机。其特征在于虽然没有专业水准那样的闪光速度，但是拥有4个独立的输出部位。一台D4可以使用4个闪光灯，进行多种多样的布光。通过Air系统，可以实现无线同步、远程控制。

在无线应用中不可或缺的附件

● Air Remote

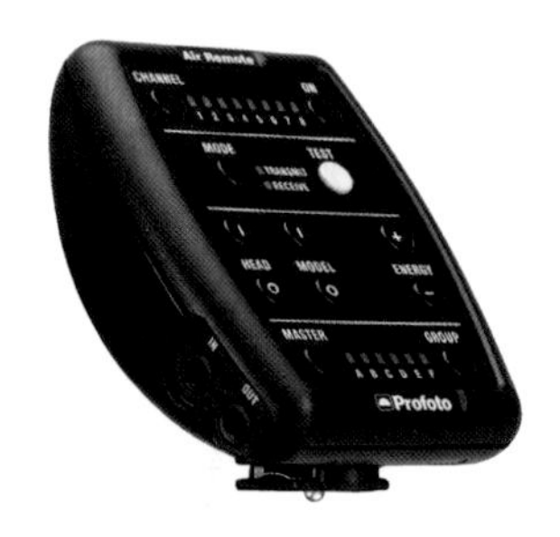

Air Remote

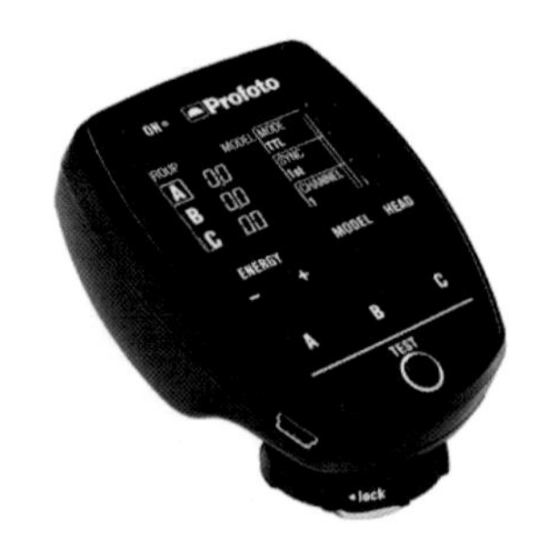

Air Remote TTL-C
（佳能用）

Air Remote TTL-N
（尼康用）

频段设定：
8频段6组（Air Remote）／
8频段3组（Air Remote TTL-C／N）

可以最远距离300m完全控制闪光灯。将Air Remote TTL-C／N用于配套的相机制造商的机型中，通过无线统一协调保富图 B1 500 AirTTL或保富图B2 250 AirTTL，从而可以使用TTL功能和高速同步。

多学一点

使器材储存TTL，再变更为手动输出

保富图 B1 500 AirTTL和保富图B2 250 AirTTL中，通过使用Air Remote TTL-C／N，可以启用TTL自动模式，此时，可以延续使用通过TTL进行调光的光线平衡，再将设定变更为手动输出。这是其显著优势。也就是说，它使以下操作成为可能，即在确定TTL自动模式下一定程度的光量后，最终切换到手动模式来固定光量，进行微调。这一点在室外拍摄时非常方便，意味着可以更快捷地实现需要的曝光。

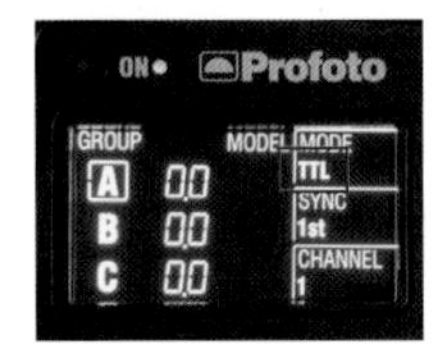

首先通过TTL进行拍摄，调整明暗度。如果没有问题的话，再进行正式操作。如果试图进行微调的话，可将此处设定切换到手动。

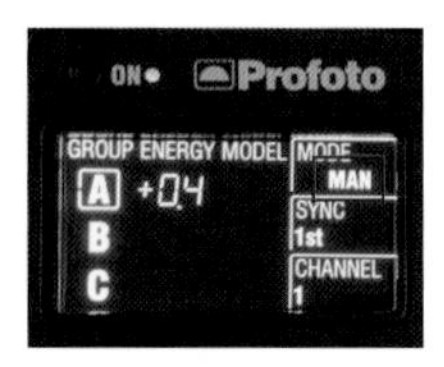

即便是切换到手动，光线平衡也不会发生变化。以TTL模式下储存的光量为基础，可以在有效范围幅度内自由改变输出。

灯头 & 照明工具

保富图的显著魅力还在于可以使用超过 120 种的照明工具。大部分工具都拥有保富图自有的安装装置，从而可以简单安装到闪光灯头部。

可以实现直射，营造出硬光质

●各种硬质反光罩

变焦反光罩

由于反光罩头部可以前后伸缩，因此能从广角（35°）到标准（105°）调整照射角，是一个可以营造出各种光质的万能反光罩

强力反光罩

对于光线的扩散方式虽然与变焦反光罩相同，但是其特征在于可以逐级来提高输出功率。在晴天进行闪光灯补光等，想要提高到最大输出功率时，这个反光罩非常有效

广焦反光罩

相较于强力反光罩，广焦反光罩能营造出更丰富的光线。作为主光源自然不在话下，用于背景曝光过度效果也十分便捷。

软光质反光罩

该反光罩的魅力在于可以同时营造出柔和和清晰的两种鲜明度，非常适合用于时尚拍摄和肖像摄影。有白色反光罩和银色反光罩两种

营造出柔和光线，取得平衡

●各种柔光伞

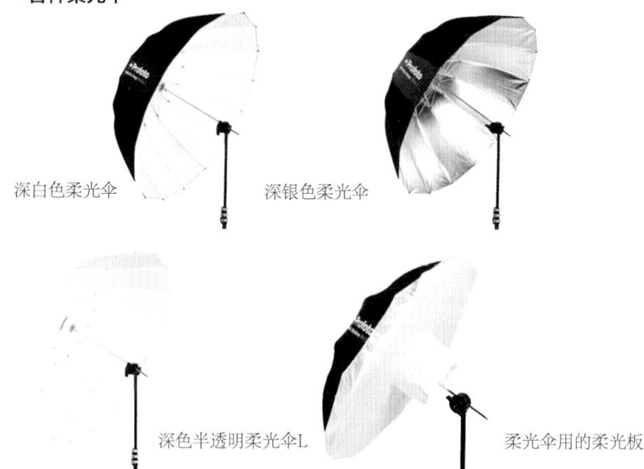

深白色柔光伞

深银色柔光伞

深色半透明柔光伞L

柔光伞用的柔光板

内侧材质可分为白色、银色、半透明色三种。尺寸有直径85cm（S）、105cm（M）、130cm（L）、165cm（XL）4种。各自都备有可以控制纵向浅扩散和光线扩散的深色类型。有的柔光伞还有专用的柔光板。

通过柔光板营造出柔和光质

●各种柔光箱

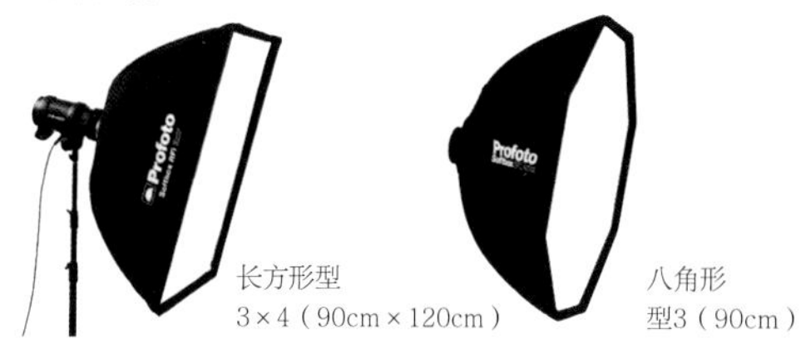

长方形型 3×4（90cm×120cm）

八角形型3（90cm）

条形型 1×4（30cm×120cm）

闪光管闪光环转接器

除了一般的长方形以外，柔光伞的形状还有可以在眼中加入圆形眼神光的八角形型、营造出细长高光的条形型等。有各种尺寸，有各种专用的蜂巢罩等，还有外接闪光灯专用的转接器。

最适合外景摄影的附件

●OCF 照明工具

OCF柔光箱2×3（60cm×90cm）

OCF长嘴灯罩

OCF蜂巢罩套装

相较于标准的照明工具，体积更小，重量更轻。使用最少量的必要零件，就可以轻松完成组合和安装。

多学一点

调整变焦标度

保富图，发电器中使用的专用头部和D1、B1的头部标有变焦标度。这是在使用硬质反光罩的时候使用的。根据数字（位置）的不同，可以改变光线的扩散方式。也就是说，通过一个反光罩可以营造出各种各样的光质。这也是使用保富图产品时的一个显著优势。

D1的变焦标度 将标度调整到最内侧，可以使用柔光反光罩

在反光罩中标有每个标度位置的效果

图书在版编目（CIP）数据

闪光灯布光专业技法 ：人像、静物、美食、商品摄影用光全解 / （日）河野铁平著 ；侯皓瑀译. -- 北京 ：人民邮电出版社，2018.11
ISBN 978-7-115-49381-1

Ⅰ. ①闪… Ⅱ. ①河… ②侯… Ⅲ. ①闪光灯一摄影照明 Ⅳ. ①TB811

中国版本图书馆CIP数据核字(2018)第212903号

版权声明

◆ 著　　[日] 河野铁平
译　　侯皓瑀
责任编辑　张　贞
责任印制　周昇亮
◆ 人民邮电出版社出版发行　北京市丰台区成寿寺路 11 号
邮编　100164　电子邮件　315@ptpress.com.cn
网址　http://www.ptpress.com.cn
天津图文方嘉印刷有限公司印刷
◆ 开本：787×1092　1/16
印张：9　　2018 年 11 月第 1 版
字数：230 千字　　2018 年 11 月天津第 1 次印刷
著作权合同登记号　图字：01-2017-1463 号

定价：69.00 元

读者服务热线：(010)81055296　印装质量热线：(010)81055316
反盗版热线：(010)81055315
广告经营许可证：京东工商广登字 20170147 号